U0378813

书 · 美好生活
Book & Life

书，当然要每日读。

金钱、安全感与女性自由

感情に振りまわされない
——働く女のお金のルール

［日］有川真由美 著

苍绫 译

⑤ 北京时代华文书局

图书在版编目（CIP）数据

金钱、安全感与女性自由 /（日）有川真由美著；苍绫译 . -- 北京：北京时代华文书局，2024.7

ISBN 978-7-5699-4613-0

Ⅰ . ①金… Ⅱ . ①有… ②苍… Ⅲ . ①女性－财务管理－普及读物 Ⅳ . ① TS976.15-49

中国版本图书馆 CIP 数据核字（2022）第 069211 号

KANJO NI FURIMAWASARENAI—
HATARAKU HITO NO OKANE NO RULE
Copyright © 2015 by Mayumi ARIKAWA
All rights reserved.
First original Japanese edition published by Kizuna Publishing.
Simplified Chinese translation rights arranged with PHP Institute, Inc., Japan.
through CREEK & RIVER CO.,LTD. and CREEK & RIVER SHANGHAI CO., Ltd.

北京市版权局著作权合同登记号 图字：01-2019-7020

JINQIAN ANQUANGAN YU NÜXING ZIYOU

出 版 人：陈　涛
选题策划：陈丽杰
责任编辑：袁思远
执行编辑：高春玲
责任校对：李一之
封面插画：黄平珍
装帧设计：孙丽莉　段文辉
责任印制：刘　银　訾　敬

出版发行：北京时代华文书局 http://www.bjsdsj.com.cn
　　　　　北京市东城区安定门外大街138号皇城国际大厦A座8层
　　　　　邮编：100011　电话：010-64263661　64261528

印　　刷：三河市兴博印务有限公司
开　　本：880 mm×1230 mm　1/32　　成品尺寸：140 mm×210 mm
印　　张：7.5　　　　　　　　　　　字　　数：124千字
版　　次：2024年7月第1版　　　　　印　　次：2024年7月第1次印刷
定　　价：52.00元

译者序

女性何以通过工作、金钱获得幸福？

这两部以女性工作、金钱、生存价值、安全感、自由为主题的书——《金钱、安全感与女性自由》《工作、成就与女性价值》，我一边看，一边回想起自己近几年来的生活模式：作为一名女性，一名在公司工作，业余翻译、写作的女性，一名需要兼顾现实工作与家庭生活，并追寻个人成长和发展的女性，我所经历的种种"摸爬滚打"真实贴合了女性所面临的时代困境，而作者恰好在书中一次次道出了我的那些难以名状的感受，使我不由得感叹：这真是两本值得一看的书。

作者有川真由美，年轻时做过化妆品公司职员、补习班讲师、科学馆讲解员、服装店店长、和服教室讲师、婚礼策划、自由摄影师、报纸广告部编辑……快到四十岁时，她才从小地方来到大城市东京，从自由撰稿人做起，通过一步步努力成为专职作家，后来还去中国台湾的大学研究生院进修，一边研究"日本女性的风险问题"，一边做着大学讲师、开办研究室，还被选为日本内阁府研讨会的成员。这时的她，终于实现了年轻时的梦想。

因此，她所写的内容不是只提供情绪"按摩"的"心灵鸡汤"，而是来自真实的经历和体悟，是可以落地的实操指南。书中特别有价值的是关于当代女性的话题，作者从支撑起女性具体生活所需要的工作和金钱，谈到女性实现真正幸福的人生应该具有的价值观和视野。

话说回来，为什么近年来关于女性的话题层出不穷呢？从上野千鹤子的书籍和讲座，到小红书上的各种热门话题，再到各种和女性相关的社会事件，越来越多关于女性的声音被听见……在女性除了"相夫教子""适当工作就好，照顾家庭为主"的"正途"之外无他处可去的过去，可曾出现这样热烈的讨论吗？正是因为时代变了，女性的社会角色发生转变，女性的自我觉醒越发深入，女性主义的话题才会如雨后春笋般出现。

那么，具体来说，女性的境遇发生了怎样的转变呢？试着想象一下二三十年前的一个普通城镇女性的形象吧。运气好的话，她能接受完义务教育，运气再好一些的话，她能在二十出头的年纪从大专或大学本科毕业，找到一份"适合女孩子"的工作，在二十五岁左右、一般不超过三十岁时结婚，婚后一两年有了孩子，为了照顾孩子、支持丈夫的事业发展，她在工作上"适当"即可，有没有成果、有没有晋升、能挣多少钱则在其次。随着孩子长大、丈夫进步，她在别人口中逐渐以"某某的妈妈""某某的夫人"身份存在，等孩子结婚生子后，她又帮忙照顾孙辈，以"某某的奶奶""某某的姥姥"身份存在……

这样的人生不能说不好。事实上，如果一位女性能发自内心地接受这种生活方式，平稳地度过一生，也是非常幸福的。

只是，时代和社会的变迁让女性一生中所要面临的一些要素发生了变化。比如，现在年轻人受教育时间普遍延长，研究生毕业时已是二十五六岁，博士毕业时甚至已是三十岁左右，恋爱、结婚的时间随之延后。再比如，家庭越来越原子化，社会评价体系从重道德往重利益方向偏移，注重个人感受的思潮兴起，情感关系越来越脆弱，有时候，曾被视为女性港湾的婚姻与家庭，反而成为人生风雨的来源。尽管我个人认为现今仍是男权主导的社会，但毕竟在职场上脱颖而出的女性在增多，女性在工作上虽然仍面临种种现实困境，但向上的机会终究比过去要多。

时代和社会的种种变迁导致女性生活方式的变化，这种变化不以人的意志为转移。在新形势下，女性有过上幸福生活的欲望，也有过上幸福生活的机会，但欲望和机会之间，还需要连接二者的桥梁。这道桥梁，就是工作和金钱。

首先是工作。人要活着，就得工作赚钱。

过去，社会基本认为女性的主要经济来源是她的家庭，即父母、丈夫或子女。即便女性有工作，那份工作带来的收入往往被认为是"不重要的""锦上添花的"，女性终归要找个经济能力更强的男性结婚才是"正途"。但正如前所述，当今时代的女性角色和婚恋关系发生变化，女性的基本生活和更多欲望，需要独立的经济能力支撑。

用作者的话说，就像动物活着要觅食一样，这是自然而然的事，人也要靠自己的双脚走路才是。

可能有些读者和曾经的我一样，觉得工作只是赚取生活费的方式而已。常常在网上看见有人抱怨："上班如上坟""只在发工资的那一刻感觉到快乐"。仔细想想，一周七天，五天都要痛苦地度过，岂不是人生的大部分时间都是痛苦的？这样的人生，是你想要的吗？

或许有些人会说，我当然也想做自己喜欢的事，但那终归只是极少数人才能达到的状态，像我这样的普通人，只是活着就已经拼尽全力了，哪有可能过上理想生活？

对此，作者的回答是这样的：

是的，并非人人都能以喜欢做的事情为工作。但是，你得出这样的结论，是基于多次尝试后的结果，还是什么也不做后的随波逐流呢？

在书中，作者分享了自己的亲身经历，并参照了她所接触的其他人的经验，提炼出具有实操意义的指导方案。比如，年轻人要以什么标准挑选工作？女性处在结婚生子、照顾家庭等人生节点时，要如何处理家庭生活与工作的关系？女性如何为将来做规划和准备，从单纯地上班转变为经营自己的事业？对于这些问题，作者在书中一一详细说明，并鼓励大家：

没有从头到尾都一帆风顺的人生，人总会在某个时期挣扎痛苦。

如果你有"想试着做一做"的事情，就不要认为"反正是不可能做到的"，不要在一开始就否定自己，而是想"要怎样才能做到"，认真地思索转变工作方式的战略。

像没头苍蝇一样，胡子眉毛一把抓地蛮干可不行。

在追求喜欢的事情的路上，多少会遇到一些风险。

虽然以自己真正想做的事为工作是件幸福的事，但同时，要充分认清社会现实，有必要事先理解自己会得到什么，又会失去什么。

"如果遇到了挫折，你要怎么办？"最好也考虑好这时候的对策。

去试着努力看看吧！毕竟，人生只有一次啊。

接下来再说金钱。

金钱是工作成果的一部分，是我们生活在现代社会所必需的东西。但是，同样的金钱在不同人手中却会产生天差地别的效果。

作者在书中举例：有一位普通的退休女教师，没结过婚，也没有孩子，因为她从小受到在银行工作的父亲的影响，懂得在该节约的地方节约，该花钱的地方花钱，所以，她在退休后拥有可以出租的不动产，生病时可以住豪华的 VIP 病房，还能不时出国旅游。而另一位 J 小姐，出身名校，精通英语，年轻时在银座高级俱乐部做女招待，是店里最红的头牌，挣得多花得也多，住在月租几十万日元的高级公寓，全身上下都穿戴名牌，空闲了就去高级场所吃喝玩乐……然而青春易逝，当她年岁渐长，赚得不如从前多时，却还坚持过去高水准的生活方式，入不敷出，三十岁后被店里解雇。当以前的熟客再见到她时，曾经光鲜亮丽的 J 小姐已经完全变了样，她在百货商店的地下卖场做临时促销员，还不一定每天都能开工，住的地方也换成了郊外便宜的破旧公寓。她感叹：从来没想过自己会变成这样。

但作者并不是说，只要有充裕的金钱，人生就会幸福。她还提到自己的一位六十多岁的朋友，朋友靠丈夫在公司上班挣钱，即便自己一辈子没工作过，也能有不错的积蓄，打打高尔夫，看看戏剧，去温泉地旅行，生活得很舒适。但是，不管怎么游玩，她总会觉得有点儿空虚。

"每天玩的生活虽然很幸福，但是幸福一次后就结束了。然后，又开始寻求新的幸福，如此反复……我有时候会想，自己的人生，到底算什么啊。"

虽然这对于没钱的人来说是奢侈的烦恼，但这是确实存在的烦恼。一味只会花钱消费的人生，到底能算什么呢？于是，她把老师叫到家里，开设了一所业余学校，教授料理、瑜伽、花木园艺等，招募和她一样六十多岁的女性为学生。

"每天都很快乐！看着大家的笑脸，真是很幸福。因为能为别人做点儿什么，是最棒的幸福哇。"这位朋友简直像变了个人，她变得开朗，说话也充满了自信。

发自内心的自信、快乐、自由，虽然不一定能用金钱直接买到，但是需要有支配金钱的智慧。

作者总结，通过金钱的使用方式，可以看出一个人的聪明程度和人性本质。

说到底，金钱只是为幸福人生服务的工具，如何恰如其分地使用这个工具，让它产生积极的正面效果，不仅仅是"节约"这么简单。相反，如果一味节约，甚至不舍得在自己身上做正确的投资，金钱就会失去价值，还会耽误未来可能的增值。对此，作者也在书中做了详细的解释。

金钱不是目的，工作也不是唯一，它们只是让人生幸福的工具和手段而已。最重要的，是你自己的人生，是你被当作一个"独立的人"而存在，而不是作为他人的附属——"某某的妈妈""某某的夫人"而存在。一个人只有作为独立的人被看见、被认可，才会发自内心地感到幸福和满足，这是人的社会性本性，不分男女。只是由于种种限制，过去的女性在这一点上落后于男性，而今它已成为女性面临的一个重大课题。

用作者的话说：将来的时代，不论在职场上还是家庭里，女性都不能安于"我什么也做不了，请帮帮我吧"，而需要"我能做这件事，让我们互相帮助、一起努力吧"这样的自立性。

只能靠寄生别人来过活，一旦有所不满，就会向对方提出要求，或者干脆用别的东西来填满干涸的心。

如果对自己没有自信、一味期待别人，就会一直灰心失望，沮丧不满。

自己不改变，永远都会陷入不满。

确实，男性也好，公司也好，女性都是在与之相处的过程中生存着的，但是，这绝不能等同于"没有他们就活不下去"。如果那样，女性会失去自由，活着也没有滋味。

只要有了自己的世界，就不会在与他人的比较中陷于失落，也不会羡慕别人，而是自信地认为"做我自己就很好"。

充满热情、勇往直前的女性，闪耀着神圣庄严的美丽光芒。

工作像粗糙的磨砂纸，接触时可能会有痛感，但只有通过工作日复一日的打磨，人生的宝石才能闪出更耀眼的光。

坚持工作下去、与他人联系下去，让上天赋予我们的这仅此一次的生命，闪闪发亮、熠熠生辉吧！

与你共勉。

苍绫

2024年5月26日

于京沪高铁上

前　言

　　本书介绍的是让你对钱"安心"的方法,学到这个方法,因金钱而产生的担忧,完全没有必要了!

　　捧着这本书的你,是不是有时候会不安地想:"将来,会不会为了钱而发愁?"

　　"老了之后会怎么样呢?"

　　"退休金还有吗?"

　　"现在的工作还能继续做下去吗?"

　　"要结婚吗? 还有,婚姻生活能够持续下去吗?"

　　"照顾完孩子后,还能再回到职场吗? 会不会只能找到兼职的工作呢?"

　　"以目前的状态,能够活下去吗?"

　　…………

这种陷入不安的心情，我非常了解。

"前途一片黑暗"的悲观心理和"船到桥头自然直"的乐观心理相互纠缠，把钱的问题踢给未来的自己，就这么一直拖着不去解决，这种心情，我也非常了解。

以前的我，也曾抱着这样的想法，浑浑噩噩地度过每一天。

假如你也有这方面的迷茫，没关系，从现在开始，你完全没必要为了钱的事而担忧。

因为，解决方法就在这本书里。

当然，这并不是说马上就教给你成为有钱人的方法，也不是说可以教给你让储蓄激增的方法，而是为你提供让你在将来不会陷入为钱所苦的境地的思路和方法。

是的，为了摆脱来自金钱的压力，为了能与金钱友好相处，我们需要掌握关于金钱管理的战略。

我就是因为掌握了这一战略，而不再为将来担忧，充满期待地憧憬着未来的生活。

随着年龄的增长，不再忧心金钱对我的生活会有影响后，我的人生充满了对生命的深深感动和喜悦。

我们所谓对金钱的不安，其实并不是对现在的金钱问题感到不安，而是对自己十几年后，乃至退休之后的金钱问题感到不安，不是吗？

那么为了那遥远的将来，你有没有从现在开始一点点地存钱呢？

当然，我的办法里也是有"储蓄"这一战略的。

到了紧急关头，储蓄可以帮助我们渡过危机，能带给我们安心和快乐。

但是，还有一些比储蓄更加可靠的、能让我们的人生打起精神来的方法。

首先来说说其中的一个战略吧。

为了将来不必为钱所困，你要做到的是——"成为六十岁也能每个月挣十万日元（约六千元人民币，根据汇率的变动而不同）的女人！"

这绝对不是什么难事。

除了吭哧吭哧努力存钱之外，现在的你能做的事情

不管现在你的工资是十万日元还是二十万日元，都不要铺张浪费。

从每月工资里取出五千日元（大概三百元人民币）用来投资自己。

让我们朝着成为六十岁也能每月赚十万日元的自己这个目标，一步步努力吧。

即便现在觉得六十岁月赚十万日元很难，努力十年，加上这份信念的力量，不可能也能成为可能。

如果喜欢料理的话，研究感兴趣的料理种类和健康饮食的知识当然是非常合适的；如果喜欢红酒的话，成为调酒师，或者与之相配的奶酪专家也不错；如果喜欢动物的话，可以立志成为宠物美容师和动物看护师；如果对美容和时尚感兴趣的话，不也有美容治疗师、色彩搭配师、美容顾问这样的职业吗？

要是想挑战困难并有兴趣的话，可以学一门小众语言，可以成立 NPO（non-profit organization，非营利组织）试着自己创业，有很多份工作能够运用到这些年你积累的工作经验。

或者将自己的兴趣钻研透，再教给别人，也能赚钱。

十年的时间，如果认认真真、努力积累，可以拥有压倒众人的实力。

如果从现在开始着手培养对自己、对他人有用的能力，十年之后，任何人都可以积累丰富的经验，成为专家。

如果你没有能力每个月花五千日元来投资自己，那也有不花钱的战略，即利用自己的智慧和时间。

比如，想要成为到了六十岁的时候，还能给他人提供美味蔬菜的人，那么试着想想有没有这方面的学习办法吧。

可以在阳台上开辟家庭菜园，这是一种投资，还可以上网研究蔬菜的种植方法，也可以与专家交流。顺应季节，应该种植什么蔬菜，什么样的蔬菜比较容易栽培，用什么方法可以让蔬菜变得更好吃，实际地去学习、体会，这些经验和感想会留在你的心中。

花上十年，你一定能构筑让自己赚钱的能力。

这是任何人通过努力与坚持都能做到的。

六十岁的时候，你想成为怎样的自己？

那么，为什么是每月赚十万日元呢？我在这里做个说明。

我认为，每月十万日元，就算没有年金，没有父母和老公，没有资产，这个金额也能让一个女人凭这个收入生活下去。

恐怕有人会认为每月生活费只有十万日元太少了，但钱少有钱少的过法。

当然，也有人认为："十万日元活不下去，我最少也需要二十万日元。"

这种人就以六十岁每月能赚二十万日元为目标好了，把退休金等考虑进去，每月赚十五万日元也可以吧。

但是，无论对每个月赚到的钱有怎样的期待，都必须构筑赚钱的能力。

每月十万日元是能赚到的比较现实的金额。

而且，你还将花十年为此做准备，这绝不是很难达到的水平。

从现在开始，设法管理生活费，每月存一点点钱。

如果你现在是三十岁，每月存两万日元的话，一年就是二十四万日元。到六十岁就存了三十年，大概能存七百二十万日元。

但是，要想三十年不间断地存钱，存在现实的困难。

因为这三十年时间里，你可能为了照顾孩子而暂停工作，而孩子的学费、房贷、车贷等支出巨大，有时候还会产生赤字。即使是单身，朋友、亲戚结婚随份子，跳槽，搬家，出门旅行等事情也会打乱你的存钱计划。

　　即使能坚持三十年不间断存钱，也必定在生活的其他方面节省开支，想要的东西要忍住不买。关键是就算存下了七百二十万日元，一旦离开工作岗位，开启退休生活，这笔钱可能几年就会用光。

　　数百万日元能支撑的，只是老年生活最初的几年罢了。

　　与其这样，不如从每月两万日元的储蓄中取出五千日元或一万日元，持续对自己进行正确的投资，这样到了六十岁的时候可以获得每月赚十万日元以上的能力，投资很快就回本了。

　　到六十多岁的年纪，每月能赚十万日元，持续工作十年，就应该有一千二百万日元的收入。

　　七十多岁如果还能挣钱，大概能产生更大的收益吧。

　　考虑到女性人生的长度，这种方法更能产生稳定的现金流。

"六十岁每月赚十万日元"——拥有赚钱的能力，不仅能对经济方面有帮助，更能带来有意义和价值的退休人生。

不管怎么说，六十岁以后还有赚钱能力的人生，绝对更加快乐。不论有没有家庭、有没有孩子，"我能为这世界做什么"，是所有人都面临的课题。

在人生本该享受退休生活的时候，还能做为别人提供帮助的工作、被别人需要，这就足以成为自己生活下去的力量和支柱。

请试着想一下吧。

品尝美食、去泡温泉、沉浸在个人爱好里，这些固然能给我们快乐，但是更为深刻的喜悦，难道不是听到别人对自己说"谢谢"吗？

不仅仅为了身边的家人，还为了世界某处的人们而有能做的事，可以给我们的生命带来巨大的喜悦。

比起为了自己，为了他人才是能让我们充分发挥潜力的动力。支持我们人生的，不是"受"，而是"施"。

到了六十岁，要是还只会说"我什么也做不了……""我没有钱啊……"这样的话，那就是此前一直没有为自己老年的生活做过考虑，也一直没有为此付出努力。而现在的环境已经不是可以用借口为自己开脱的社会环境了。

如果你现在四十岁，以六十岁还具有赚钱能力为目标，不说二十年，就算花上十年，也可以积累点什么。

如果你现在五十五岁，积累十年，也才六十五岁。

如果你现在三十岁，积累三十年才到六十岁；如果你现在二十岁，你可以积累四十年。

很重要的一点是，要有六十岁月赚十万日元的目标意识，而且坚持学习，不一定要等到六十岁才能有所成就，五年后、十年后有可能就会见成效。

这样坚持下去，一旦与你点滴积累的能力相对应的机会来敲门时，不可思议的奇迹就会出现。

如果因为跳槽、辞职等原因，工作突然中断，你也会因为有所准备而可以构筑新的职业生涯，通过活用目前为止所积累的经验而再次出发。

就算是打工或兼职，如果有点积累做支撑，也可能会增加收入。

就算是每月拿固定工资的公司职员，也有助于找到更好的下家、获得更高的收入。

多为六十岁的自己想想，让现在才二十岁、三十岁、四十岁的自己去努力，去创造属于自己的人生。

考虑六十岁以后生活需要的金钱支出，就是在考虑自己的整个人生。

向着不为金钱所困的将来前进一步

实际上，我在十几年前也曾对自己未来人生的金钱支出焦虑不安。

我快四十岁了，才从小城市来到首都，是没工作、没存款、没家人的无业游民。

一边做着没有固定合同的撰稿人，一边租住在没有浴室的房子里。

光做撰稿人到底不能维持生活，于是我通过兼职做电话操作员和居酒屋服务员获得收入。

我因为觉得自己是个不能挣钱的人而产生的不自信的心理和以后一定能做出点事业的希望，二者交织着，逼迫着我的内心，让我时不时焦虑不安，经常对自己的人生和未来感到悲观。

但是，当我定下目标并开始行动后，焦虑不安和悲观不知在什么时候就消失不见了。

我从自由撰稿人的工作做起，慢慢地，不断有人问："这个工作要不要也做一下试试？"工作渐渐变得丰富，我也沉浸在眼前的工作中，根本无暇多想，不知不觉中就被称作畅销书作家了，焦虑和不安也一并消失了。

　　过了四十岁，我进入中国台湾的大学研究生院留学，一边研究"日本女性的风险问题"，一边做着大学讲师、开办研究室，还被选为日本内阁府研讨会的成员，这正是我在十年前的梦想中所描绘的画面。

　　当然，这并不仅仅是我个人的努力，而是广大读者和培养、引导我的各位前辈等几方合力作用的结果。但与此同时，我深深地感到，十年的时间，真的能形成巨大的力量，带来不可思议的结果。

　　然后，我确信人生可以如自己描绘的那样展开。

　　"为了达到目标，要怎样做才好？"其实，只要做好该做的，奇迹真的会出现。

　　当然，并非所有事情都会如愿以偿。

　　但是，如果不一边勾画未来的美好蓝图，一边前进，是永远不能实现目标的。

为了登上三千米的山峰，就不能只抱着登上五百米高的山峰就好了的心态；想要参加世界运动大会，就不能只想着在县运动会上出场就好了。

　　为了到达目标点，也就是自己感到满足的地方，为了获得不为钱所苦的人生，就需要做好与之相对应的准备和思想建设。

　　不论是什么样的人，都能通过学习和积累获得赚钱的智慧、花钱的智慧和存钱的智慧。

　　并且，在这个过程中，能不再为金钱担忧，度过充裕的人生。

　　除了金钱守则之外，这本书里还有很多为人生增值的守则。

　　让我们一起追求使自己增值、让自己变得幸福的生活方式吧！

提升自身价值的34个建议

01. 对自己想做的事，要知难而上

02. 丢掉"自己不能赚钱"的成见，改变自我认知

03. 金钱的收支分配是"开关水龙头"，要靠自己来控制

04. 不以"赚钱""成为有钱人"为人生唯一目标

05. 提升防范、化解风险的能力，提前准备

06. 舍弃"轻松之事"选择"略难之事"

07. 让自己站在不必与年轻人竞争的位置

08. 寻找能发挥自身实力的舞台

09. 持之以恒，对手是会自然消失的。走得越远，对手越少

10. 喜欢上现在的工作

11. 有自知之明，客观地审视自己的能力

12. 提高工作能力，好好经营自己的品牌

13. 让别人能放心地把工作交给自己

14. 最重要的是，不要考虑小的得失

15. 即便失去所有，自己还是要有赚钱能力

16. 堂堂正正地说"我在做这样的工作"

17. 条条大路通罗马

18. 思考自己能做的小生意

19. 不要为了钱而做事，为了想要做而做事

20. 不要闷头储蓄，储蓄的是必要的金额

21. 制订自己的储蓄标准，描绘出未来的蓝图

22. 明确知道自己需要什么，每月存一定的金额

23. 买一个自己喜欢的手账本，习惯使用记账簿

24. 把实现梦想和目标的金额，具体地写出来

25. 因钱而来的负面情绪是培养正确金钱观的机会

26. 想花钱的借口，基本上都是假的

27. 以能为你带来多少绝对价值考虑金钱

28. 想做的事要尽快做，才是有效使用金钱的方法

29. 明确不花钱和花钱的标准

30. 长期投资自己的习惯，会拯救自己

31. 成为自己人生电影的导演，描画理想人生的场景

32. 全心全意地去做，是在储备赚钱的能力

33. 找到感兴趣的事，拥有"多样性"

34. 获得人生真正的乐趣，可以构筑与金钱的良好关系

目　录

第一章　**我们为什么对金钱感到不安？**
　　　　为金钱而发愁，本质是看不清未来

01.行动起来，克服对经济问题的焦虑 ...*003*

02.拥有靠自己活下去的自信 ...*009*

03.生活的标准是"量入为出" ...*015*

04.不要被眼前的钱控制，不要太在意眼前利益 ...*020*

05.知道人生路上的陷阱 ...*025*

第二章　**工作何以改变我们的人生？**
　　　　寻找能让自己成长的工作方式

06.舍弃赚钱的工作，选择能让自己成长的工作 ...*033*

07.弄清自身价值的下限和上限 ...*038*

08.舍弃自己追寻的地方，选择追寻自己的地方 ...*043*

09.从"谁都能做的工作"到"只有自己能做的工作" ...*048*

10.以爱好为工作，还是爱上现在的工作 ...*054*

第三章 | **如何面对报酬太低的工作？**
当务之急是成为工作上被需要的人

11.审视自己，制订战略 ...061

12.你能满足他人到什么地步 ...066

13.报酬的到来，有时间差 ...071

14.工资难以提升，总有理由 ...076

第四章 | **怎样做才能更赚钱？**
发现工作情绪的力量

15.成为新工作邀约不断的自己 ...083

16.从简单工作开始，构筑自信 ...088

17.通往赚钱的路，不止一条 ...094

18.就算不上班，也有办法赚钱 ...099

19.如果周末做事，从游戏的感觉开始 ...105

第五章 | 怎样做才能存更多钱？
存钱也需要智慧

20.决定为了自己的幸福而储蓄 ...113

21.不要以他人的标准作为自己储蓄的标准 ...118

22.存不下钱的人，要克服以下四点 ...124

23.计划外支出要变成计划内支出 ...132

24.兴冲冲储蓄和安心储蓄一起支撑着人生 ...136

第六章 | 如何掌握花钱的艺术？
享受生活与保障未来，我全都要

25.过去影响着花钱的方式 ...143

26.不要为了填埋不得满足的情绪而散财 ...148

27.金钱的价值决定于快感的大小 ...153

28.价值也有鲜度和频度 ...159

29.为了希望而花钱 ...165

第七章 | **如何获得不愁钱的人生？**
比储蓄更重要的，是投资自己的赚钱能力

30.成为可以说"我能做这件事！"的自己 ...173

31.用"WWH战略"考虑人生财富规划 ...179

32.不是工作了多久，而是完成了多少 ...186

33."因为是女性，所以做不了"——由自己来终结这样的时代 ...191

34.就算得不到报酬，也要选择自己想做的工作 ...196

结 语 ...201

第一章

我们为什么对金钱感到不安？

为金钱而发愁，本质是看不清未来

01. 行动起来，克服对经济问题的焦虑

　　"很多女性对未来人生（退休人生）的经济问题感到焦虑，不论是一个人暗自思量，还是与朋友商量，总觉得前途灰暗渺茫，找不到解决问题的方法。"

　　有类似想法、为钱的事忧虑重重的女性可不少。

　　如果问她们为什么会感到不安的话——

　　"现在倒没有为钱发愁。但是，总有'未来也能一直这样下去吗'的怀疑，对怎么过未来人生这个问题感到不安……"

　　"不是有人说将来可能发不出退休金吗？要是那样，我恐怕要成为'贫困独女'（陷入贫困的独身女性）了。"

　　"感到不安是因为不知道能不能一直在现在的职场

工作下去，未来可能会因为结婚而被劝退，或者被裁员……"

原来如此！那么，如果接着问："那为了规避这种情况，你现在在做什么准备吗？"——

"因为不知道将来会发生什么，所以现在做不了什么。"

"虽然想要考点资格证，但是没有时间。"

"因为是工薪族，也挣不到更多的钱了。"

…………

就这样，只是忧虑，却什么都不做。

看不清未来，对将来没底时，人最容易陷入不安。

一般情况下，如果知道前方有陷阱（风险），我们就能针对风险制订对策而顺利前行。

如果觉得掉进陷阱是没办法避免的事，那就直面现实，精神上的压力也能小一点。

但是，在人生的旅途中，人们恰恰不知道陷阱会在什么时候、什么地方出现，所以才会对未知的将来感到迷茫不安，也无法决定前进的方向。

试着从根本上去分析自己对经济问题感到不安的原

因，就会明白这些担心基本上都是毫无根据的。

虽然担心是毫无根据的，但是因为电视和网络上的信息、周围环境的影响，还有与他人的比较，会迫使个人朦胧地产生"真的没关系吗？""我会不会也遇上很可怕的事？"等联想。

又因为有些问题不是当下就要直接面对的，所以不好制订对策，不知道该如何行动，也难以抓住踏出第一步的契机，于是就这么拖延着，让不安的情绪一遍遍折磨自己，一天又一天。

人如果焦虑不安，就会用否定的眼光看待自己和身边的事，行动变得犹豫、迟疑，进而失去自信……陷入恶性循环。

如果过于不安，连生活下去的勇气都会丧失。

H女士是派遣社员，担任过不少公司的事务性职位，年过四十岁，还没有找到愿意雇用她为正式社员的公司，因此，她被巨大的不安包裹着、侵袭着。

"就这么当一个独身的派遣社员，自己能活下去吗？觉得自己是赚不到钱的人，充满了负能量，最后恐怕要陷入只要有一份工作就感激涕零的境地。"H 女士说。

但是，偶然的一次，H 女士认识了一位教外国人学日语的五十多岁的日语老师，她的人生发生了重大转变。

"也许，我也可以做到。"

H 女士灵光一闪，开始参加培养日语教师的讲座，拼命学习。最终，她通过了资格考试，成了一名日语老师。

某天，她突然意识到："当时以为自己是对将来的经济问题感到不安，实际上，我是对'不被社会需要'而感到强烈的不安。在为了考试而努力学习的路上，不安渐渐消失了。现在，比起做派遣社员的时候工资还要少点，但是却觉得自己能生活下去，每天都很充实。"

如果你也觉得不安，那其实就是你的内心发出了要工作的信号。

碌碌无为会让自己感到不安。

就算目标非常远大，但只要能感受到自己在一点点地接近目标，每天都在成长，不安就会消解。

面对不清晰的未来，不应该让自己沉溺在不安的情绪中，而要把它变成动力。不安，让我们知道有危险在靠近，这种危机感可以支持我们顺利克服困难。

从小事开始做起吧。

向着解决问题的方向，迈出前进的一小步。

如果自己有想做的事，试着与这个领域的人聊一聊。

利用周末，在自己感兴趣的领域打点零工，或者做志愿者，都很不错。

试着参加想做的工作的面试，以此来判断自己的能力与其需求的匹配度和做那份工作的可行性。

只要行动起来，就会想着下一步该怎么做。

很多经济问题，就是生活方式的问题，这个问题没有标准答案。

因为每个人的解决方法都不同，自己不试着去付诸行动，是永远不会明白的。

要想克服对金钱的不安情绪，考虑许久之后再行动是不行的，只有一边行动，一边思考才是正确的解决方法。

提升自身价值的建议

01

☑ 对自己想做的事，要知难而上

02. 拥有靠自己活下去的自信

虽然我在前面写过"人之所以会感到不安，是因为看不清未来的路"，但除了对未来的迷茫，还有一个根本的原因，即我们没有自信。

因此在面对金钱问题时，总是抱有种种不安。

没有能赚到足够的钱的自信；

没有能正确地使用钱的自信；

没有能好好地存下钱的自信……

为了让自己过上财务自由的幸福生活，所有人都有必要学习如何与金钱相处，构筑在金钱问题上的自信。

但是，在金钱的问题上，有人能百分百地自信吗？

其实也没有人能清楚地知道未来会发生什么。

大部分人都是在做好现在的基础上，再确立不论发生什么，都要活下去的想法——面对人生，我们能做到的就只有这么多。

"日常做些准备可以尽量减少对金钱的不安。万一没钱了，也不要紧，再一点点地努力工作就行了。"这么想，我们就能从不安当中解放出来。

会赚钱的人，就算到了山穷水尽的地步，也会对自己充满信心，所以不会感到不安。因为他们会想："从头再来就是了。"

有一位女性，因为工作上的压力太大而搞坏了身体。

"暂时休假一段时间，或者干脆辞职，静养看看如何？"有朋友这么建议。

"要是辞职的话，就要担心生活费了……"她犯愁地回答道。

朋友又说："这么勉强工作下去，要是彻底把身体弄垮、不能工作，岂不是更糟糕？暂时休息一下也不要紧吧？"

"虽然多少有点存款，但是……"

"够你休息多久的？"

"嗯，大概可以休息十年吧……"

有很多人会认为，既然存有十年的生活费了，暂时辞职也没关系吧，可是，她却无法摆脱对金钱的不安。

"要有多少存款才足够？"——在金钱的问题上，这个"多少"可能永远没有标准。

当你陷入不安时，就会追求更多。

我还认识一位做专职主妇的女性。

她从一流大学毕业后，在一流企业工作，然后与同事结婚。丈夫是顾不上家的工作狂，而且——虽然没有确凿的证据——似乎还有外遇。在得不到满足的生活中，她的精神寄托就是与别的男人恋爱和买东西。多年来，夫妇二人在家里过着貌合神离的生活。

虽然对丈夫已经完全没有感情，但是为了孩子，她不能离婚。

她现在既不想做兼职，也认为没有公司会雇佣自己。

陷入这种泥沼般的生活，她甚至有想过："要是丈夫死了反而好。要是他死了，我不仅能得到保险金，老了之后还不用照顾他和公婆……"

这种状态根本不是为了孩子维持婚姻，往严重点说，她已经放弃了自己，对人生自暴自弃了。因为没有靠自己活下去的信心，所以摆脱不了焦虑不安的情绪。

她对离婚和开始新生活感到恐惧，也对自己有能力胜任新的工作感到怀疑。

最重要的是，她陷入了"我赚不到钱、赚钱很辛苦"的思维死角，不能为自己描绘出光明的未来，所以即便陷入不幸的状态，也只能维持现状，没办法突破自我，走出舒适区。

维持现状，并不意味着就能安心。对于未来，不做任何准备，只是沉溺在不知道未来会发生什么的恐惧中，依然摆脱不了焦虑不安的情绪。

这位女性根本不是没有工作能力，完全是自认为赚不到钱。

于是，她只能依靠别人来生活，一旦生活中有不满、不如意的地方，只能向对方提出要求，或者干脆用别的东西来填满干涸的心。

因为对自己没有自信、一味期待别人，就会一直陷入灰心失望、沮丧不满的情绪中。

不能驱动自我改变，就会一直陷入不满中。

如果抱定"不管到什么境地，我都要去做"的信念，就根本不会恐惧离婚。

如果想到"在离婚之前，要尽最大的努力来维持婚姻"，就会试着修复婚姻生活，向前迈进。

在生活中，我们需要停止期待他人，开始期待自己。

不管自己现在是什么样子，只要能够相信自己，就不会恐惧改变，就能勇敢地前进。

没有百分百的自信也没关系。"不论到什么境地，我都能靠自己活下去！"——拥有这样的觉悟，才是真正的自信吧。

不论有没有钱，微笑着依靠自己活下去，这是源自内心的力量。

只要有了这份自信，焦虑不安自然就会消失，也不会害怕自己将要面对的未知变化。

带着自信，以及觉悟，勇敢向前进吧。

提升自身价值的建议

02

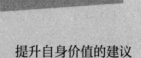 丢掉"自己不能赚钱"的成见，

改变自我认知

03. 生活的标准是"量入为出"

着手解决与金钱有关的问题时，如果伴随着焦虑不安、不自信等负面情绪，或者夹杂其他多余的考虑，会让问题变得更加复杂。这一点相信大家都能理解。

让我们试着整理、简化这个问题吧。

我们之所以对钱的问题感到不安，主要的理由是担心自己有一天变穷了，无法维持现在的生活水平，归根结底是我们担心钱不够（当然，也有人是因为钱太多了所以不安，这一点我们之后有机会再加以说明）。

那么，要解决钱不够的问题，只有两个方法——"开源"和"节流"。

节流，意味着我们在日常生活中做到量入为出，就不会有问题。

挣十五万日元的话，就过十五万日元的生活；挣三十万日元的话，就过三十万日元的日子。

要是超出了这样的生活水准，或者花起钱来没有计划性、不考虑将来，就会陷入钱不够的窘境。

要想解决钱的问题，就要尽量不带情绪地、如同审视他人一般地审视自己的生活，直面现实。

如果真正客观审视之后，依然得到钱还是不够用的结论，那也只需要从"开源"和"节流"两方面来考虑对策就行了。

我刚来东京的时候，借住在一位八十多岁的女房东家，她无偿地把外面的小储物室借给我住。据我观察，这位女房东过着相当俭朴的生活。

她没有兄弟姐妹，没有亲戚朋友，也没有结婚，更没有孩子——是特别纯粹的"孤独老人"。

家中的东西从家具到餐具，都是用了数十年的。并不是因为她偏好旧的东西，只是单纯地把东西用旧了，穿的也只是几件普通的旧衣服。她买东西只会买食品，几乎足不出户，在家伺候花草、做做园艺、读读旧书，这么打发日子。

但是，她一年中总有几回特别的出门机会，她会在出门前轻描淡写地说："我要出门旅行一段时间啦！突然很想去看看马达加斯加岛上一种叫猴面包树的奇异植物。"

　　旅行地每次都不同，从亚马逊的雨林、北欧的冰河巡航，到荷兰的郁金香花田……房东奶奶从年轻时就很喜欢旅行，到了老年也没有丢掉自己的热爱，要是某天觉得想去哪里，就会一边拄着拐杖一边飞向目的地。

　　除了旅行，她还为我所住的小储物室安装了洗浴设备；在做完眼部手术后因为不习惯与别人同睡一个房间，就住进了一天花费数万日元的特别病房……我时不时地见识到她这样一掷千金的时刻。

　　"您之前是做什么工作的呢？"

　　"就是普通的高中老师啊。"

　　"可是，您怎么会那么有钱呢？"

　　"啊，很简单。因为平时不怎么花钱，都存起来了。我父亲是银行职员，他教给我：花钱跟水龙头放水是一样的。每个月得到的量如果是相同的话，平时把水龙头关起来，等遇上真正想要的东西时，一下子拧开就好了。"

　　啊，原来如此！只要靠自己的意志来开关水龙头，钱的问题就能得到调节和控制了。

　　因为房东平时过着俭朴的生活，所以在遇到真正想要的东西时，就能一掷千金。

另外，虽然独身，但当房东家里的庭院需要修剪或者要买重东西时，总是有几名老年男性轮流来帮忙。一打听，才知道他们是房东五十年前教过的学生。

"过去我们曾受到老师多方照顾，所以每个月一次地轮换着来帮忙。"

类似这样，与他人保持联系，在需要帮助时可以获得免费的帮助，也是"节流"的一个方法。

而且，那位房东非常清楚什么东西能让自己快乐。

她的生活方式十分清晰，也是一位决策果断的人。

不要求一味省钱，而是不论在什么年龄，都坚持积累经验、保持学习，把钱花在让自己和他人快乐的事情上——我觉得，这样的人是最酷的。

金钱问题，归根结底也是生活方式的问题。

所以，我们首先要想清楚：自己想要过怎样的生活。为此，要挣多少钱，要花多少钱。

之后，你遇上钱的问题，就会明白解决的方法。

提升自身价值的建议

03

☑ 金钱的收支分配是
"开关水龙头"，要靠自己来控制

04. 不要被眼前的钱控制，不要太在意眼前利益

那么，"钱"在你的生活中，到底意味着什么？搞不明白这一点，或许也是我们感到焦虑不安的缘由之一。

对金钱，你是不是存在一些负面的看法呢？

"太有钱或太没钱，都会不幸。"

"为了赚钱，不得不更辛苦地工作。"

"一直以来，我花钱的方式都有问题。"

…………

有些人认为，这个世上，钱就是一切，不论是工作、恋爱、结婚还是日常生活，一切都是以金钱为衡量标准的；也有一些人认为金钱是万恶之源，过着物物交换，尽量避免

使用金钱的生活。从根本上来说，这是因为他们对金钱过分崇拜或过分排斥，一想到钱，心里就充满不安、焦虑、愤怒等负面的情绪。

像这样被负面情绪裹挟，失去对金钱的正确认识，容易成为金钱的傀儡，难以认清自己生活中真正重要的东西。

比如，我留学所在地台湾，当地学生们理想工作的标准就是"钱多事少离家近"。

其中，"钱多"是最重要的一点。就算教授给学生介绍了工作，可一旦学生找到了工资更高一点儿的活，就会立刻跳槽，让人不禁感叹："好不容易才适应现在的公司，公司也很看好他，只要再过几年就能更上一个台阶了，跳槽的话，又要从头做起。"有的教授也会说出狠话："再也不给那家伙写推荐信了！"——为了钱，连最重要的师生之间的信赖也失去了。

如果被眼前的利益控制，却破坏了人际关系，实在太划不来了。

如果认为这样就掌握了金钱的奥秘或按照自己的想法就能赚大钱，就有点儿自以为是了。

因为，能挣多少钱、花多少钱，不仅仅取决于个人的意志，还与运气、时代的经济状况、职场环境等诸多因素有关。

金钱是支持我们获得幸福的"手段"之一，是生活中的一个可贵伙伴。

如果把赚钱、有钱当成人生的目的，那就是本末倒置了。

我们普通人的一生，既不要被金钱控制，也难说完全掌控金钱。不如把金钱当成是可以发自内心信任的朋友吧。

与金钱的关系，和人际关系是一样的，是由对对方的好意和与对方的信赖关系所构成的。

就像人际关系一样，金钱也是我们自身的镜子。

你如果对金钱感到不安或不屑，是不会被金钱青睐的。

你如果对金钱抱着接纳和喜悦的心态，就会被金钱青睐。

那么，与像朋友一样的金钱相处，意味着——

● 对金钱的感谢可以成为动力；
● 呼唤金钱的话，它终将到来；

- 金钱喜欢有伙伴；

- 过分追求金钱，它就会逃走；

- 如果冷落金钱，它就会闹别扭；

- 如果怀疑金钱，它扭头就走；

- 如果信赖金钱，可以成为大人物；

- 如果小瞧金钱，就会吃亏；

- 金钱会与你一起快乐；

- 金钱会将你从悲伤中拯救出来。

以恰当的礼节与这位友人友好相处，就会增加积累金钱的成功体验，获得正面、积极的情感，从而树立正确的金钱观。

相反，如果在金钱上的失败体验增多，就会累积更多负面情绪，渐渐地对金钱充满不信任。

我们只要向着幸福和成长的方向前进，人、运气，以及金钱，都会成为我们的伙伴。

提升自身价值的建议

04

☑ 不以"赚钱""成为有钱人"

为人生唯一目标

05. 知道人生路上的陷阱

在中国台湾的大学研究生院里，我对日本女性人生道路上的相关风险问题做了研究，这对中国女性同样具有很大的参考价值。所谓"风险"，就是可能会发生的危险，也就是人生路上的"陷阱"。

结婚后以育儿为中心的专职主妇之路、以工作为中心的连续就业之路、孩子长大后重新开始工作的再就业之路……围绕着结婚、育儿和工作，女性的人生之路有很多种。

对走在不同人生道路上的女性，我针对在二十多岁时感觉到的风险和实际发生的风险这两个项目做了调查，获得了出乎意料的发现。

调查结果显示，二十多岁时完全没有意识到的风险，后来一个接一个地出现了。

二十多年前，日本女性中的大多数都过着结婚后就辞职，专心做家务、带孩子的人生。但是，因为社会环境的变化，现代女性的人生道路变得复杂，出现了前所未有的风险。不婚、少子化、高龄化……在出现新问题的社会中，之前父母辈所采取的风险防范措施已经不再适用了。

其中，现代女性感受最深的是二十岁时从来没想到，结婚育儿后再就业会这么难！因为不能成为正式社员，不得不以派遣社员、兼职的方式来实现职场回归。

还有，二十岁时，没想到自己成了四十岁还没结婚的单身女性。

二十岁时，没想到自己会离婚，成了在经济上陷入困境的单身母亲。

二十岁时，没想到丈夫会失业，自己不得不去工作，由专职主妇转型为正式社员。

很多女性陷入困境时，都说没想到会发生这样的事。

虽然说，"为了育儿而辞职的时候，怎么会想到多年后再就职的事呢""结婚的时候，怎么会想到离婚的事呢"，这种想法确实很符合当时的心理，但是在中国台湾女性看来，日本女性居然会为了结婚和育儿辞职，这风险究竟得多高啊！

中国台湾女性觉得，这种风险，从最开始就应该明白吧，她们绝对不会放弃自己的工作。"没想到，居然会发生这种事！"这种想法在她们那里可不适用。

日本女性的事业，从某种意义上来说不仅仅取决于个人的意愿，还经常受到家庭和职场环境的影响，不得不中断。而这种影响因素，包括但不限于育儿、丈夫的工作调动、照顾父母等等。

对于提升女性的风险防范、化解能力，根据阶段的不同，有以下三种方法。

（1）认识到现在和将来可能会发生的风险，未雨绸缪

比如，在感到回归职场很困难时，就要在育儿期间考取证书，或者从兼职做起，掌握一门技能比较好。

再比如，在一边带孩子一边工作而感到分身乏术时，就搬到离工作地或托儿所较近的地方，或者转职到能兼顾工作和家庭的公司，提前做点准备比较好。

对可能发生的风险，一个一个地制订对策。

（2）提前储备"自食其力"的本事

实际上，这一点可以说是最重要的。

所谓"自食其力"，不是期望从对方身上获得什么，而是思考自己能给对方什么。

不是去寻找可以依赖的对象，而是依托自己的资源，自己握刀，在人生路上披荆斩棘。

不管是什么样的人生，一定都潜伏着风险。

比如，在幸福的结婚仪式上没有人会想到离婚，在就职的时候没有人会想到公司会破产。

而没想到的事居然发生了，这就是人生。不管到了什么境地，只要能自食其力，就算面对从未预料的危机，也不会太过惊慌失措。

不管跌倒几次，都可以爬起来，再次前进。

为了能够自食其力，我们要在自己身上构筑核心能力——"能提供给他人东西的能力"。

"六十岁月入十万日元"就是构筑的核心能力之一。

（3）从已经陷入的风险中走出来

有可能会遇到完全掉入陷阱的时候。

比如，因为贫困、家庭关系问题、孩子生病等原因，陷入意外陷阱——"没想到会发生这样的事"的时候，不要一个人独自承受，而要向周围的人或公共机构寻求帮助。万一到了连吃饭都发愁的境地，也有很多免于生命危险的方法。千万不要自己吓自己。

就算就职失败、因育儿中断事业、更换住所，只要能积累可以提供给他人东西的能力，就一定能再次前进。

迄今为止，以地域、血缘、公司组织等联系起来的"亲缘社会"已经崩塌，渐渐形成以个体连接彼此关系的"法治社会"。

之前在家庭和企业中通行的教育、互助等规避风险的手段，将由个人来完成，如果做得不好，就全部是自己的责任而必须自己独自承担后果了。

所以，只要能自食其力，就能自己对自己负责，走出属于自己的人生道路。

不管是谁，都有在自己的人生中唱主角的权利和义务。

我们本来就有靠自己行走的力量。

提升自身价值的建议

05

☑ 提升防范、化解风险的能力，

提前准备

第二章

工作何以改变我们的人生？

寻找能让自己成长的工作方式

06. 舍弃赚钱的工作，选择能让自己成长的工作

赚钱还是成长，这是个问题

我曾经对二三十岁的年轻人这样说："二三十岁时穷，没什么可耻的。就算贫困，日子也能过得快活。但是，到了四五十岁还穷的话，就很辛苦了。二三十岁就算没有存款也没关系，但还是要储备一些工作能力。"

之后，与当时的年轻人再相聚的时候，他们常这么说："有川女士说的话确实有道理。上了年纪还没钱的话，真的很难受。到最后，能依赖的既不是存款也不是男人，而是自己的工作和事业。这一点我深有体会……"

确实，年轻的时候，除了钱之外，事情还有很多解决的方法，但是渐渐地，你会发现，有钱就能解决的事会越来越多。

比如，最简单的例子，当身体不舒服的时候，如果手头有点钱，就能打出租车回家，还可以对家人提议："今天的晚饭叫外卖吧。"

想带家人去旅行的时候，想让孩子学点什么的时候，想对父母尽孝的时候，还有，当自己想学习、想参加派对、想买一条新裙子的时候，如果有钱，就能眉头不皱地把眼前的问题干脆地解决掉。

如果没有钱，烦恼就会增多、变得复杂。

比如，因为"这个月在别的东西上是不是要节约点？""之前在打折时买了不少东西，是不是错了？"这些事而烦恼。若你一直耿耿于怀，很容易陷入自怨自艾的情绪中。

最后，可能会与亲密的人在金钱问题上发生争吵，进而发展出迁怒于人的结果。

虽然钱不是万能的，但是，因为钱而失去现有的幸福或与他人的关系疏远，是常有的事。

二三十岁还好，到了四五十岁还没钱，就有点难过了，更不用说到六七十岁的年纪没钱会有多可悲。所以，绝对不能成为一个没钱的老太婆。

自己的幸福要靠自己来守护。

那么，解决方法是什么？

年轻的时候即便从事的是不赚钱的工作也没关系，要选择能让自己成长的工作。

虽然，这样的工作有时候会让人觉得很辛苦，在别人看来，可能会觉得"这么做是吃亏了"，但是，工作显现出其真正的报酬，是有时间差的。比起眼前的得失，不如期待十年后的奖赏。

我的朋友中有一位女性，在三十岁的时候成了看护师。还有一位女性，二十三岁时为了照顾孩子而辞去了看护师的工作，三十岁离婚后，又重新回到了工作岗位。

后者在很长一段时间里，只能做临时工工作，辗转于儿科、胃肠科、妇科、外科等多个领域，最终，在看护师岗位上积累了经验，成了团队内的负责人，至今活跃在自己的岗位上。

她当初之所以拒绝正规雇佣的高待遇，而选择辗转于低报酬的职场，就是为了积累经验，让自己在任何职场上都能工作。

因为舍弃了赚钱的工作，选择了能让自己成长的工作，最终获得了更加赚钱的工作。

　　现在，四五十岁仍旧活跃在职场中的人大多都曾经历过回报微薄的时代。

　　这个社会，没有好位置是空着的。

　　自己的立足之地，只有靠自己争取才能得到。

　　人的一生，一定会有一段时期的煎熬挣扎。

　　人都是先苦后甜。

　　如果一味模仿、跟随他人，走上随波逐流的轻松道路，人生的后半段就会很辛苦。

　　年轻时，请尽可能地选择稍微困难的事，而非轻松的事。因为，到了四五十岁，再想要挑战困难的事，常常因为生活压力、精力不足而无能为力。

提升自身价值的建议

06

☑ 舍弃"轻松之事"

选择"略难之事"

07. 弄清自身价值的下限和上限

你有没有觉得年纪越大，越难找工作？

有没有因为不知道这份工作可以做到什么时候而觉得不安呢？

不用担心。

只要不挑，工作总会有。

但是，如果一直沿用一成不变的工作方式，工作机会越来越少是自然的。

如果与别人提供一样的东西，那份东西的价值就不会高。

因为对方会想要新的东西。

我有一位男性朋友，是银座多家俱乐部数十年来的客人，我曾这样问他："我这个年纪和经历，也算是见识过不少女性了，人们常说的'与钱无缘'的女性，你觉得是怎样的人呢？"

"是那些看不清自己价值的女人。"

比如，有一些这样的女性：

J小姐毕业于名校，擅长英语，在属于知识分子的男客人中是最红的女招待。她租住在月租几十万日元的高级公寓里，衣服全是名牌，上下班打出租，赌博游乐，赚得多，花得也多……然而，泡沫经济崩坏之后，社会经济低迷，客源变少，J小姐也上了年纪。

即便如此，J小姐还是不肯改变生活水准，继续做着女招待的工作，最终，被店里解雇了。

消失了数年后，我的这位朋友偶然遇见了J小姐。昔日的风韵荡然无存，老得像换了一个人。她把家搬到了郊外的便宜公寓，做的工作是地下商场的售货员（展示商品并贩卖）。这份工作熟练者优先，所以她并不是一直都有工作。

J小姐说："没想到自己居然会落魄到这样过日子，一个人默默地生活在社会的角落里。"

我的那位朋友这样说："女招待的价值随着年纪增长而下降。意识到这一点的聪明女性，就会在年轻时买入房产、转做别的工作，或是开自己的店，为人生的下一阶段做准备。总是满足于现阶段的安逸生活而活得懒懒散散的女性，大概都是跟金钱无缘的。"

J 小姐因为没有认真地接受自己作为女招待的价值在下降的现实，也没有考虑未来的事，所以没有正视自己身上存在的价值，也没有好好开发、利用别的价值。

随着年龄增长，假如说有下降的价值，那么相应地也有上升的价值。

我曾经主持过为海外社会做贡献的 NPO 事务职位的招聘面试。

因为是非全职的岗位，所以有很多主妇参加面试。

"到目前为止，我只做过事务性的工作，除了事务性的工作，做不了别的。"虽然有很多女性这么说，但她们指的是几十年前的事务性工作了。操控电脑的技能和邮件写作的技能，都不尽如人意。

但是，她们在沟通能力上很出色，对别人说明情况的能力、倾听别人谈话的能力、平衡处理多项工作的方式、跟进多项任务的综合能力和包容力都不错，让人觉得把工作交给她们可以放心。

NPO 的会员们基本上都是高龄老人。有时候年轻女孩表达不到位的事情，他们难以理解；但是换了四五十岁的女性来说明，他们就能很好地接受了。

如果急需电脑技术的话，大部分人都能慢慢学会；但是这种沟通能力，却不是一朝一夕就能练就的。

年轻女孩不具备的能力，她们具备。

如果一直为不知道这份工作可以做到什么时候而不安，就要预判十年后、二十年后的社会发展形势，在必要的时候考虑改变工作的方式。

如果是在一般岗位上工作的人，就要努力成为团队领导来指挥别人，也可以将自己掌握的技能教授给别人。如果现在做着吃青春饭的工作，也可以试着把目标定为在中高年龄层做管理工作。

就算现在勉强跟年轻人争饭碗，也没有未来。

二十岁、三十岁、四十岁……社会对不同年龄层所期待的角色是不一样的。

认真思考自己十年后想成为怎样的人，开始行动吧！

提升自身价值的建议

07

☑ 让自己站在不必与
年轻人竞争的位置

08. 舍弃自己追寻的地方，选择追寻自己的地方

前些天，我听到一位五十多岁的男性说过这样的话：

"到了六十岁就退休，然后做非正规雇佣的工作到六十五岁。从中老年人才中心，到公寓的管理人、清洁工，能做的工作大概都会去做吧。"

他曾经是制作汽车导航系统的工程师。但是一旦过了六十岁，在职场上就不再是必需的人了。

我当时提了建议："以您的技术，是不是可以去海外工作呢？"

他答："我这点程度恐怕比较难。我不会英语，现在这个年纪也去不了海外啦！"

话虽如此，但如果能从现在的年龄开始规划退休后的

工作，说不定会有意外的机会。

在东南亚，常有退休后的日本技术员活跃在第一线。

我留学过的中国台湾也是，不论是年轻人还是老年人，在职场上活跃的日本人身影处处可见。

如果是男性的话，不仅可以在 IT（电子）领域发现工作机会，还可以做农业和牧业的技术指导，帮助经营饮食店等等；也有在日本做历史教员的人退休后，去日本语学校教授有关日本战国时代的知识；还有人在夜市卖章鱼烧或经营面向日本游客的民宿。

如果是女性的话，可以指导茶道或花道，开办日本料理的店铺或怀旧民风的咖啡馆，教授美甲的技术，或者创立自己的饰品品牌……

之所以能做成这些事，是因为在国外作为日本人的价值得以发挥。

即便是自己觉得理所当然的事，在外国人眼里，可能是富有魅力的资源。

因为日本人有做事仔细认真的标签，在海外也能比较容易获得工作。我们在家庭和学校中所受的教育，以及在社会中积累的工作经验，也能成为间接的价值。

即便在现在的地方没有价值，只要变换场所，就可能变成特别的价值。

即便在日本国内，从大城市转换到小地方，也可能成为当地首屈一指的存在，从而提升自己的价值。

比如，有一位当红插画家，在东京青山有自己的工作室，却在人气最高时，举家移居到了祖父母所在的鹿儿岛县①。

他曾经这样说："即便在青山有了自己的工作室，但圈子里稍微有点名气的人都是这样创作的，生活比较平庸。相比而言，我更喜欢从与众不同的视角去创新、积累不同的创作经验。"

因为像他那样来自大城市的插画家很少见，所以鹿儿岛地方上的一些设计工作，例如商品开发、广告设计、地方活动、培养年轻人，各类型的公司都向他提出合作意向。相比在东京的工作状态，现在的舞台反而更加广大。

---

① 鹿儿岛县，日本九州最南端的县，属于日本地域中的九州地方。

与他相反，我则选择从地方来到了东京。

因为想要坚持做写东西的工作，在地方上工作机会有限。但是，如果在出版的中心——东京的话，一定会有我能做的事。

价值交易的基本点是"需求"和"供给"。

既然如此，与其执着于"自己需要"，不如选择"需要自己"的地方，机会更多。

大多数人觉得没办法改变外部居住的环境，去一个新的地方重新开始太辛苦了，也有人觉得不在故乡谋生就生存不下去（离开熟悉的成长环境就生存不下去）。

但是，不要盲目坚持一直住在某地，假如能有旅游一样的心态，尝试"暂且在这里生活一段时间吧""未来几年，努力去那里看看吧""一年中有一半，试着在这里生活吧"，改变场所，有可能发现新的赚钱机会。

未知中有无限可能的选择。

提升自身价值的建议

08

☑ 寻找能发挥自身实力的舞台

09. 从"谁都能做的工作"
到"只有自己能做的工作"

"连一百万日元都赚不到的我是不是太渺小了？"

"我的工作，是不是谁都可以做？"

——这么想的人应该有很多吧。

不要把工作的价值和收入等同于人本身的价值，这完全不是一回事。

我一直传递的观念是，不论是谁，都可以提高自身工作的价值，也有方法增强赚钱的能力。

只要不断地努力，就有办法从这份工作谁都可以做逐渐提升转变到只有我能提供独特的工作价值。

具体有以下三种方法：

（1）增加"＋α"的附加价值；

（2）在别人不做的事上投入能量；

（3）坚持不懈，绝不放弃。

让我们一个一个来理解吧。

（1）增加"＋α"的附加价值

前些天，我乘一辆出租车时发现，这辆车从椅套、垫子到毛绒玩具，全都印有哆啦 A 梦的图案。不用说，我与司机热烈地谈论了哆啦 A 梦的话题。我在 SNS（社交平台）上描述了这次乘车经历，不断有评论说："我也想要乘坐这样的出租车！"

在东京有一位出名的爵士乐出租车司机，听说现在退休了。他没退休时，要是遇上客人的特别纪念日，或是沿途的风景特别怡人时，他会提供现场音乐表演服务，虽说九十分钟的路程要收一万三千日元的高昂费用，但特意从远方赶来体验的客人还是络绎不绝。

像这样在工作中或者在岗位上提供"＋α"的附加价值，普通的工作就变成了只有自己才能做的特殊工作。

"退休后，计划从事保姆的工作。"有这样职业规划的人，如果只能提供一般保姆分内的服务价值，就会面临与他人争抢蛋糕的境况。总有一天外国劳动者会进入这一市场的。

但如果是能教孩子英语的保姆、阅读表达能力出色的保姆、能指导家庭饮食的保姆……诸如此类，把自己擅长的事加入进去，就有可能成为抢手的保姆，也能产生"+α"附加价值的报酬。

与其认为"像我这样的人，到处都是"，不如开动脑筋、花费时间储备技能，让别人称赞："您这样的人，可是凤毛麟角啊！"

（2）在别人不做的事上投入能量

如果要学一门语言，不如开始学习很少人关注的小语种。如果要读书，不要读大家都在看的畅销书，而要从自己兴趣所在的领域挑选别人不怎么看的书。在工作以外的时间，要与工作圈之外的人们接触，获取新鲜的价值观和信息。

获得别人不知道的信息、积累别人不曾有过的经验，就算不能取得立竿见影的效果，也会有助于提升自己的赚钱能力，因为你可以提供别人不知道的信息，可以提出自己独到的见解。

打扫桌子时，很多人都是在表面擦一擦，而清理桌子内侧和桌脚的人，却很少。

还有，别人都不想干的工作，能率先着手去做的人，也很少。在别人看来，那都是些麻烦、辛苦的工作。

但是，如果要花同样的精力，与其和别人做一样的事，不如做和别人不同的事，或许反而更容易出头。

实际上，现在赚钱的人，最初从事的工作基本上都是别人不想做的事。在最短的时间内将快递送达、24小时开店、提供最便宜的价格等等，这些别人不愿意做的事反而吸引来了源源不断的客人，从而让下一阶段的发展成为可能。

我们可以从身边别人都不愿意做的市场开始。只要能够垄断一个细分市场，就可以获得莫大的报酬和进一步发展的机会。

虽然要找到只有自己能做的工作很难，但去做别人不愿意做的事，却并非太难。

（3）坚持不懈，绝不放弃

将谁都能做的工作变成只有自己能做的工作的第三个方法，就是一件事一件事认真地去做，并且要持之以恒。

只要坚持十年、二十年，周围的竞争对手就会渐渐消失，机会便一个一个多了出来，你自然就能做独属于自己的工作了。

　　就算自己不主动宣传，大家也都会认可你的价值。

　　大部分人都会认为自己做不到，就放弃了，不能专心致志，最终半途而废。

　　途中，稍微休息一下，或者放慢速度都没关系。

　　只要绝不放弃，谁都能发挥出自己的价值。

　　在公司中也好，业界也好，做什么事情都持之以恒绝不放弃，是提高自身价值的重要条件。

提升自身价值的建议

09

☑持之以恒，对手是会自然消失的。

走得越远，对手越少

10. 以爱好为工作，还是爱上现在的工作

多年之前，我到中国台湾旅行，住在山间的一家民宿。

晚上，我在客厅与民宿主人聊天，不经意望向墙壁，看到上面贴着一张纸，写着："提供越南咖啡——一杯一百元。"旁边还配着可爱的插图。

"在中国台湾，越南咖啡很少见。请一定要尝尝。"

于是我便点了一杯，但是总不见咖啡上来。

我认为一定是冲咖啡很花时间，便耐心等待着。然后，穿着美丽长袍的越南女性出现了，她挎着一只大篮子，里面装着许多人份的咖啡。

接着，她将正宗的过滤器放在一个个杯子上，开始蒸

咖啡，仔细地注入热水，水珠便滴滴答答地落下来。

旁边的孩子们都围过来，兴趣盎然地观看着。

终于，在场的十个人全部都点了咖啡："我也想喝！"

那越南咖啡的确非常好喝！而且，只为了一杯咖啡，她还特地穿了越南长袍、整理了漂亮的发型，还花费时间来展示咖啡的制作过程，我真的是发自内心地感动。为这一百元新台币越南咖啡制作过程中的仪式感，我甚至愿意付一千元新台币。

民宿主人说，她是从越南嫁到附近农家的。没娶媳妇的台湾农家，常有四五十岁的男性娶二十多岁的越南女性为妻。

大约一年前，民宿还在建设中的时候，她就在门前晃荡，一副有话说的样子。终于有一天，她痛下决心后，跟店主说："我曾经在越南的咖啡店工作过，会冲好喝的越南咖啡。我能不能在您这里工作呢？"

"我们家的客人也不多，所以不能雇佣你。但是，如果有想喝越南咖啡的客人，我就叫你过来。这样行吗？"店主这么回答。

那位越南女性非常高兴，便带来了这张自己制作的、非常漂亮的越南咖啡海报。

她从越南嫁过来，基本上没机会出门，也没有什么赚钱的本领。附近建成的民宿，对她来说，是从这样的生活状态中跳出来的唯一机会。

看着这张仿佛用祈祷般的虔诚心情画出来的海报，我感到有什么东西涌上心头。

她如果怀着"找不到别的工作，没办法，就卖咖啡吧"的心情来做，就辐射不出这么感动人心的能量吧。

在一件事上倾注了全部的力量和热情，就可以将普通工作提升为更有价值的事。

要获得赚钱能力，虽然有很多种方法，但从根本上来说，如果没有对工作的热情，最终都不能长久。

开网店、炒外汇、炒股、期货交易……抱着看起来很好赚钱的心情开始的人们，大多数都做不好。

因为他们没有热情。

工作，要想长久地赚到钱，要么以自己的爱好为工作，要么爱上自己现在的工作，除此二者之外，别无他法。

如果讨厌工作，工作也会讨厌你。

大部分人因为要赚钱，所以做着讨厌的工作，结果既没有成果，也赚不到钱。

你如果真的想赚钱，就要把钱的事先放在一边，先去考虑如何让他人快乐，把手边的事一件一件地做好。

不管是什么工作，只要认真仔细地做，就会渐渐喜欢上、产生出热情来。

这样，工作就会变得有趣，再多的苦也能吃，也能够长期坚持了。

不是因为喜欢才认真去做，而是因为认真做才会喜欢。

只要有热情，金钱一定会随之而来。

"金钱归向热情所在。"这是赚钱的绝对法则。

提升自身价值的建议

10

☑ 喜欢上现在的工作

第三章

如何面对报酬太低的工作？

当务之急是成为工作上被需要的人

11. 审视自己，制订战略

似乎有不少人误会了"相信自己"的含义。

相信自己，不是"自己只要做就会成功！""一定能赚到钱！"这样的妄自尊大，而是正确地审视现在的自己，发现自己拥有的能力和技能，在此基础上，探索自己未来的成长战略。

如果不能正确地审视现实，就不能朝着向往之地前进。

我在快到四十岁的时候，因为想要从事写作的工作，来到东京，最初从事的工作，是快递的分类。

从晚上六点到清晨六点，将汇集的纸箱子根据目的地区域来分类。当时的我，搬不动沉重的箱子，走路摇摇晃晃，在搬运的过程中，总是失败，在岗位上简直毫无用处，总是给同事添麻烦。

虽然想着不论什么工作都能做，但在这里，我却不得不承认自己是什么忙也帮不上。

接下去的一份工作是接听投诉电话的接线员，有些年轻的女性社员比较能干，我就成了她们的出气筒。

在那份工作中，正式社员对派遣社员和兼职人员的态度很坏，这几乎成了职场习俗。就算工作本身做得好，也不得不承认自己很弱势。

本来想当作主业的写作工作，最开始也总是找不到活。好不容易在网上找到写广告文案类很简单的工作，做一次挣几千日元，有时候甚至连这样的工作也找不到。

后来虽然靠着所在报社的资源，获得了一些好的工作机会，在报社外的单位得到了不错的待遇，却不得不承认："原来，自己就只能做到这种程度啊。"

所谓"认清现实"，有时候就是这么屈辱、凄惨。

即便如此，我还是想着总有一天我会对他人有所贡献，成为能赚钱的人，现在想来依然会被自己的坚定和信念感动。

也有人爱说一些在别人看来像不切实际的话："我要通过司法考试！""我要成为公司社长，年入一亿日元！""我要成为绘本作家！"这样的人，相信自己，也相信自己的未来。

但是，如果妄自尊大地相信自己，过分乐观地估计现状，思考和行动就会停止。

与之相对，抱有"我什么也做不了""我就是赚不了钱"这样想法的人，他们一味地妄自菲薄，也会限制思考和行动。因为这种思想总会让人想待在自己的舒适区和安全区，想找什么东西依靠着。

不自信的人，也不能客观正确地审视自己。

要时时检查，自己有没有陷入妄自尊大或妄自菲薄的陷阱。

如果能不妄自尊大，就能冷静地观察周围的状况。

如果能不妄自菲薄，就能用自己的力量解决现在的不满和不安。

只要用本心来审视自己，就能想明白"自己现在处于什么样的状态？""向往的目标与现在达到的程度，究竟差距几何？""想要跨越鸿沟，要怎么做？""往哪个方向努力才能得到认可？"等问题，从而提炼出自己的成长战略。

不要以自我为中心，而是顺应事物的客观现实，直面自己，就能清晰思考自己究竟需要做什么。

相信自己，不是妄自尊大，而是直面客观，坚持追求自己独特价值的可能性。

不论怎样，都要承认、接纳自己，才是真正的自尊，才会带来真正的赚钱能力。

提升自身价值的建议

11

☑ 有自知之明，
客观地审视自己的能力

12. 你能满足他人到什么地步

　　从这里开始，让我们想想，工作的报酬是怎样产生的这一关键问题。

　　坦诚一点说，所谓工作，就是自己能做的事与别人需要的事之间的交点。

　　所以，就算觉得自己有能力，如果不了解市场的需求，也还是一场空。

　　相反地，就算明白他人的需求，但如果自己没有相应的能力，也达不成工作的意向。

　　自己的能力与他人的需求所重合的部分，就产生了你的工作。

　　然后，更重要的是，决定你的工作价值的，不是你自己，而是他人和社会。

比如，就算说"我应该做价值三十万日元左右的工作"，但如果对方说"这份工作就值二十万日元"，那么这份工作就只能换来二十万日元。

就像商店明码标价一样，就算自己表明"我值三十万日元"，但若找不到买家，三十万日元就只是个标价而已。

如前所述，我在体力劳动的职场几乎没有竞争力，在事务性工作和轻型作业上也不算擅长。

所以，报酬也只能维持在最低水平的程度。

当初是为了追求"写东西"的梦想而来东京的，但是最初这样的工作并不好找。

没有自己的"一招鲜"，就只能做些别人安排的普通工作。

"要是一直做这种'生意'，一定没有未来。自己与别人不同的地方在哪里？"我绞尽脑汁地思考，终于意识到一件事。

"像我这样干过这么多工作的人可不常见。我做过五十种以上的工作，当过上司也做过部下，做过正式社员，也做过派遣社员和嘱托社员，体验过各种各样的角色，熟悉从地方到东京，甚至海外的职场情况。那么，我可以写在各个职场都通用的工作法则呀。"

以前感到困难重重，都有了半途而废的念头，但当我意识到自己还有能为他人提供有用的、有价值的资源时，简直高兴得热泪盈眶。

提升赚钱能力最有效的方法，不是考虑我能赚多少钱，而是考虑我能在多大程度上满足他人。

不要从自己的角度出发考虑工作的可能，而是从别人的角度出发，考虑对方需要的东西，自然而然就能看见自己能做的事。

从自己能做的事中寻找能满足别人的事。

如果你做的工作符合"满足别人"和"只有自己才能做"这两个特征，那你将会成为十分重要的存在。

如果你做的是能让他人满足、高兴的事，报酬一定会随之而来。之后便是提高工作价值的磨炼作战了。

即使在公司内部，也请你思考如何经营名为"我"的品牌。

相比优先考虑自己能得到多少报酬，不如追求自己能做些什么，提高你的工作能力，十年后、二十年后，报酬自然会提高。

所谓"报酬"，不仅仅是"工资"，还包含着在育儿休假后可以轻松返回职场、在职场上能顺利沟通、不加班也能完成工作任务等好处。

为了提高赚钱能力，请好好经营自己的品牌，珍视客人的需求，努力做出回应吧。

提升自身价值的建议

12

☑ 提高工作能力，
好好经营自己的品牌

13. 报酬的到来，有时间差

"工作这么辛苦，工资却这么少，真是划不来。"

"我都已经这么拼命了，还不能给我更好一点的评价和回报。"

你一定也听过这样的感叹，很多人苦恼于自己付出的劳动和得到的回报不对等，甚至还有人因此而辞职。

这是因为，他们把工作的报酬完全等同于工资了，如果这么想问题，不论何时，都不会觉得满足的。

确切地说，劳动和报酬之间，是有时间差的。

刚成为自由撰稿人的时候，我的收入非常少。

我的一位作家朋友曾说："单价在一万日元以下的活，拒绝；不补贴交通费的采访，拒绝。"但我从来没有拒绝过任何一份工作。

因为我还没有实际的成绩，对于好不容易得来的工作机会，就算要倒贴，也要接下来。

就这样，把得到的工作都一件一件地仔细做好，渐渐地，有人对我说："那么，这份工作你要不要也试试？"我也因此开始能获得报酬稍微丰厚点的工作。

就算是没有经验的工作也要全力以赴，渐渐地，更多、更好的工作机会就会降临。

工作越来越多后，甚至有些我不能完全胜任的工作也会找到我。现在与我共事的编辑们，很多都是从我做自由撰稿人时期和新手作家时就积累起来了信赖关系。

随着工作年头的积累，合作对象的职位也不断提升，或许能获得更多更好的工作机会。

花一万日元就能吃一万日元的料理，花十万日元就能买到十万日元的电器，都能获得即时的满足感。但是劳动的价值（付出劳动所获得的报酬）却与这样的消费性质不同。

劳动和获得真正意义上的报酬之间，是存在时间差的。

工作真正的报酬，是你与合作伙伴之间建立信赖关系，是有源源不断的工作。

只要在工作上积累信赖关系，就能接连不断地接到新的工作。

信赖的积累，会成为后续工作的"踏板"，创造出门槛更高的工作机会和需要负责的角色地位等。收入自不必说，实绩、人脉、地位等，也会成为确实的报酬，回报过来。

有些作家朋友说"这么点工资，这活干不了"，不知不觉间工作机会渐渐消失，只好转行。因为总是会有新的作家出现，如果不积累信赖关系，工作机会就会慢慢减少，最后断绝，只好转行。

相反地，现在做得很顺利，能做很大项目的人们，都经历过最初的困窘时期。

后来在某一刻如花绽放般地开始受人瞩目，都是在困窘的时代一点一滴积累的信赖关系起了作用，如同省吃俭用地存钱，终于存够了一定的数额。

如果以工作的报酬是工作中的信赖关系的态度来工作，那么收入一定会上升的。

工作也会逐渐变得有趣，体会到工作的价值，成长的速度也会加快。

如果是公司职员，收入变化可能没有那么明显，对公司的贡献逐渐会在同事之间立场态度、自己的发言能力，以及转职时的技能和成绩上体现出来。

　　成为职场上被需要的人，自然地就有工作和人脉找到你，获得新的工作。获得这样的信赖关系，才是真正意义上的报酬，进而获得支撑自己人生、摆脱焦虑的安心感。

　　不论电脑技术发展到什么地步，临时性的工作方式有多么流行，工作关系的中心始终都是人，因此人与人之间的情感也就仍起主要作用。

　　比金钱更重要的，是工作中的信赖关系。

　　没有钱的话，工作还能做；但如果没有信赖，工作就无法顺利开展。

提升自身价值的建议

13

☑ 让别人能放心地
把工作交给自己

14. 工资难以提升，总有理由

只要工作，就会感受到收入上的不公平。

"上司工作干不好，收入却是我的两倍以上，真是令人不甘心。"

"大家干的都是一样的工作，男性升迁和收入增多却容易很多。"

"同学的工作好像又轻松钱又多。我可能没赶上趟吧……"

这类想法会时不时在你的脑海冒出？拿自己和别人比，会觉得自己吃了亏，进而产生对他人的批判和对自己的嫌恶。

对于干不好工作的上司，可能部下会认为他是"工资小偷"，但是上司能够担任这个职位，可能也有他的作用。在日本的公司中，比起具体的工作技能，一直工作到今天的"历史"似乎拥有更大的价值。

在偏心男性的公司里，身为男性的价值被更加看重。

事少钱多的同学，可能会被认为只是因为运气好，但也不能排除他有相应的资质才能进入公司，而且或许在别人看不见的地方，为公司贡献了价值。

如果思索为什么会这样，就能理解公司只是把价值放在它关注的事情上罢了。

只要明白工资高低一定是有理由的原则，就不会无谓地烦恼，在工作上也能淡然处之了。

让自己被接受的契机，不是与他人对抗，而是真正理解他人需要什么，再提供自己能贡献的东西。

报酬不是由有多大能力决定的。

当然，人类的价值是无法计量的。

但是，报酬是社会在经济层面对工作的价值给出的评价。

世界上，有许多像照顾老人、协助育儿等这类满足他人需求又有价值的工作，但是收入却很少。

这虽然也有社会保障制度和市场的问题，但收入多少总体上与"市场价值"有关。

当你觉得自己的收入不公平时，请试试以下三个方法：

（1）把眼光转向看不见的报酬；

（2）以自己想要的金额为目标，采用新的工作方法；

（3）不要与他人比较，而要寻找属于自己的赚钱方法。

接下来，让我们详细地谈谈对这三点的理解。

（1）把眼光转向看不见的报酬

报酬不仅仅是金钱的形式。就如同刚才所说的看护老人和协助育儿的工作，收入虽然少，但是大多数人都带着微笑工作，感受到工作的价值，觉得被他人感谢真的很开心，他们在金钱之外，还获得了快乐与满足。"能够获得成长""工作很有趣""职场的人际关系良好"等，这些是职场上除金钱之外的高报酬，当然也有能提供这样价值的工作。

如果把目光转向金钱之外的报酬，你就会意识到，自己已经得到了许多的馈赠。

（2）以自己想要的金额为目标，采用新的工作方法

请不要抱有再努力工作的话，我就吃亏了这样的想法，也不要认为不给报酬的活干了也是白干。只要想做，只要能做，就去做。就当自己做公益好了，但是这个过程收获的经验是别人拿不走的，不管是成功还是失败，都是自己的人生经验。

报酬一定会以金钱之外的方式回来的。自己能给予别人的东西，与自己所获得的东西刚好价值相等，那是罕见的。

（3）不要与他人比较，而要寻找属于自己的赚钱方法

现实是不能改变的。与他人比较，毫无意义。

只是，如果对现在的收入感到不满，就要把握现实机会，寻找自己能做的事。如果觉得现在所处的职场很艰难，就积攒力量跳槽，或者开辟副业。

重要的不是别人怎样，而是以自己觉得满足的收入为目标。为此，赚钱的方法是无限的，请记住这一点。

被工资的金额左右自己的人生，真是太不值得了。

如果总是执着于金额，就永远也看不到自己的工作。

如果专注于自己能做的事，金钱一定会随之而来的。

提升自身价值的建议

14

☑ 最重要的是，

不要考虑小的得失

第四章

怎样做才能更赚钱？

发现工作情绪的力量

15. 成为新工作邀约不断的自己

在二十多岁的时候，我的人生计划是做专职主妇，所以在工作上就比较马虎、随意，没有计划性。

私塾讲师、预备学校职员、伴游等等，选的全是看起来很有趣的工作，完全没考虑将来的事。

但是，我当时的未婚夫失踪了。好几个月，我过着以泪洗面的日子，从心底产生了这样的想法："绝不能成为只依赖男人而生存的女人。"

后来，我听闻某服装店会给予女性和男性同等的机会，就成了那里的店长。

我在那里拼命工作了四年半，积劳成疾，在辞职的时候，愕然发现：在这份工作中，我没学到任何东西，辞职就面临失业。

在公司中，顺利升迁是按部就班就可以实现的事，但是辞职后，我就只是个无业游民，什么也没有学到，身无长物。这几年拼命工作，除了经验之外，没有可以称得上能力的东西，这是我后来才领悟到的一点。

那时，我痛切地感到："绝不能成为必须依靠公司才能活下去的人。"

确实，男人也好，公司也好，我们都是在与之相处的过程中互相依赖地生存着的，但是，这绝不能等同于没有他们就活不下去。如果那样，一定会失去自由，活着也没有滋味。

死拽着男人和公司不放，对他们来说，也是一件麻烦事。

我们要知道公司之外有更广阔的天地和机会，所以有必要掌握赚钱的技能。

要有这样的意识：就算成为孤身一人，就算公司破产，也能靠自己活下去。

凛然自立，发挥自我能力的人，闪耀着魅力的光辉，也会让人想靠近、想与这样的人在一起、想与这样的人共事。

不论在什么领域，被公认为有能力的人，被他人希望与之共事的人，绝不愁没工作。

但是，现实中有许多人失业后却无人问津。

日本的终身雇佣制渐渐坍塌，特别是女性，从毕业到退休一直在同一个地方工作的人会越来越少。

过去，从属于一个公司，经历营业事务、总务、经理事务等岗位，是日本式的工作方法，也是长期持续地受到公司照顾的前提。

当然，经历多种岗位的经验，再做别的工作时也会大有裨益，但是三四十岁后，就很容易过着温水煮青蛙的生活了。

现在，营业、经理、企划这样的工作，需要的是精通一个领域的专家。只要能在一个方面独当一面，就能在许多家公司找到工作。工作者、打工人也不再是对公司"从一而终"，而是对一份工作"从一而终"，这样更能促使自我成长，也更能提高自己的职场竞争力。

现在看重的不仅仅是有过营业工作的经验，不仅仅是做过企划的工作，而是需要强调成功举办了此类活动这样的实际业绩。

"有没有主动来找自己谈工作的人？"

"对方能为自己支付多少报酬？"

这是决定工作能力的关键。

就算现在完全没有这样的平台，没有赚钱能力也没关系。十年后，就有可能构建出一切。

不管到了什么年纪，不管是谁，都有可能办到。

提升自身价值的建议

15

☑ 即便失去所有，
自己还是要有赚钱能力

16. 从简单工作开始，构筑自信

从服装店辞职的时候，我身无一技之长，在求职道路上深受打击，决心从此以后，一定要抓住一份工作，要成为在哪里都有工作的人。于是我先考取了和服穿着师的资格证。

因为我看到弟媳从平时上课的和服教室那里获得了工作机会，觉得这是一份可以获得现金收入的工作，便参加了资格证考试。

那间和服教室，从和服店（给购买和服的客人提供穿着服务）、婚庆公司等多地获得服务订单。

确实，帮人穿和服，一次最低几千日元，振袖①是一万日元，新娘礼服则高达好几万日元，而且还是现金支付。

　　在获得资格证之前，每周去教室上一次课，如此一年，大约花费十五万日元，但是用不了一年就能收回成本了。

　　只是，这份工作都集中在休息日，赚到的钱也不能够完全维持我的生活。就在我探索着要扩大和服穿着的服务订单渠道时，一家婚庆公司对我说："要不要试着做婚庆策划？在这里也可以发挥穿和服的技能哟！"于是我便去那里上班了。

　　我所拥有的教人穿和服的技能，成为新工作的踏板。

　　穿和服的工作，帮助我度过了经济困窘的自由撰稿时期。后来，常有熟人拜托我："你会穿和服吗？这次婚礼上要穿留袖②，能请你来帮忙吗？"

---

① 一种和服。根据袖子长度分为大振袖、中振袖和小振袖，大振袖为正礼服，必入五纹；中振袖为准礼服，可以入三纹或一纹；小振袖则是一般装束。"振袖"一词来源于日语"振袖（ふりそで）"，即长袖（的和服）。

② 一种和服。留袖又分为黑留袖和色留袖。

在中国台湾生活的时候，我给学习日语的大学生和硕士生讲授浴衣的穿着方法，此外，还讲解日本文化，日本女性在出席婚礼或派对时也请我帮忙穿和服……因为有这个技能，熟人朋友互相介绍，后来即使是不认识的人也会请人捎口信来请我。

最开始从事穿和服的工作，不过是为了赚取现金，后来看到女性们因为变美丽而展露的笑容，我觉得，只是看到客人们的笑容就很满足了。

如果有人认为自己什么技能也没有，那么我建议她从感兴趣的领域开始，穿和服、美甲、化妆、选色、首饰制作、占卜、心理治疗等等，集中学习，一点点地尝试各方面的工作。

不用只盯着组织机构这类大型客户，简单地从满足个人的需求开始吧。

学习技能的时候，不要浑浑噩噩地觉得"可能有一天会有用吧"，而是要从一开始就打定主意"要尽快靠这个赚钱"。

于是，不可思议地，不久就有人来问："你能不能接这个活？"

全力以赴地去做吧！

就算不上班也能做到，试着从简单的工作开始，小小的自信就会萌生。

看到别人满意的样子，心中就会充满勇气。

这些将导向下一步的行动。

"要更加努力学习""要更加认真实践"——下一步的课题就会出现。

是否能马上赚到钱是因人而异的，但只要有当成工作来干的决心和技能，就算多花点时间，多等待一些时机，工作自然会来的。

然后，就算不依靠公司和组织，也能有靠自己赚到钱的实际成绩，人就越来越自信。

过了六十岁，大部分人都会成为自由职业者。

拜托其他个人、其他个人拜托自己的事会越来越多。

这时候，如果有我能做此类工作的"招牌"，就不仅仅有赚钱能力，还能拥有自我表现的能力。

请意识到这一点，从现在开始就积累一个人赚钱的能力吧。

作为一名初学者，要学习一门技能，可能不会花太多时间，但是，要达到"真不愧是那个人！""我想要那个人来做！"的程度，就需要相当的经验。

正因为如此，从三四十岁起，就有必要意识到："开始靠自己赚钱吧，哪怕一点点也好。"

提升自身价值的建议

16

☑ 堂堂正正地说

"我在做这样的工作"

17. 通往赚钱的路，不止一条

成为婚庆策划师后，不知从什么时候开始，我负责写真摄影了。

因为没有能拍出理想照片的摄影师，我便毛遂自荐："让我来试试吧！"便自费购买了一台单反相机，开始学习摄影。

"做摄影师的技能，是之前在哪里的专门学校学习过吧？"

"曾经在摄影工作室工作过吧？"

虽然有人这么问，但实际上，我既没有在学校学习过，也没有在工作室工作过，全部是自学。

而且几乎没有学习的时间，相机一上手就开始工作挣钱了。

即便如此，还是有人称赞我："拍得真好呀！"这样一来，工作机会不断增加，不仅仅为婚礼和人像拍摄写真，还接到了料理和建筑物的广告写真，甚至还拍过航空写真。几年后，我自己独立出来，开了工作室。黑白照片自己冲洗、打印，还办了个人展览，作品作为室内装饰品进行售卖。

像我这样不擅长电脑的人，都能做照相相关的工作，可见发展一项技能，比如摄影，不是难事。只是，要拍出自己理想的作品，我还缺少足够的经验。为此，我读了很多专门的书籍，自己实践尝试，搞不清楚的时候，就去请教专业的摄影师。我还拜托熟人，去拍摄商品目录的现场见习，一连好几天，都去偷师别人拍摄商品的方法。

那时候，不论睡着还是醒来，每天我都在与摄影搏斗，不过并不觉得苦，反而觉得非常开心、充实。用心积累，自己付出的努力好不容易才转化成赚钱能力。

现在，很多咖啡馆和餐厅的经营人，相当一部分也是没有经验的。想做就去着手做，然后慢慢摸索经验，不管怎么样，先干起来。

有婆婆们使用当地的食材制作出美味的料理，有环游世界的人提供在旅行地学到的料理，有的人专门提供面包、饮料或咖啡等，满足他人的需求。

他们即便没有服务业的经验，但是在日常生活中常常做料理，毫不费力地就能做这份工作。

当自己拥有满足他人需求的技能/东西时，可以将其提供出来；当自己没有时，只要创作出这样的东西就好了。

如果真的想要做料理，去有名的店里工作学习，也是一种方法。

可以努力存钱，去国外有名的专门学校学习；也可以驻扎在农场，学习种植优质稻米和蔬菜的方法。

我就有这样一位朋友。她为了开一家提供多国料理的咖啡厅，在环游世界的油轮厨房工作了好几年，学习了世界各地的料理的制作方法。而且在工作期间，因为在船上，基本没有机会花钱，存下了开店资金，最终实现了自己的梦想。

学习技能的目的只有一个，那就是："我能满足他人的需求吗？"

达到这一目的的方法有很多。"没时间""没法行动"这样的借口，会让人过了十年还停留在原地。

谁都能找到属于自己的方法，向前迈出一步，并不是那么难。不，不仅不难，还非常快乐呢。

想象着合作方/他人的笑容，可以工作到废寝忘食……这样令人激动的喜悦，人生中也没有别的事可以与之相比吧！

成事的关键，是不迷失目标。

找到能进一步发挥自己潜力的方法，再集中投入时间和精力吧。

提升自身价值的建议

17

☑ 条条大路通罗马

18. 就算不上班，也有办法赚钱

在中国台湾留学时，我在研究室曾经看过 NHK（日本放送协会）拍的关于裁员的纪录片。

丈夫失业，妻子的派遣工作也中止了，妻子哭诉道："现在房贷、孩子上大学的费用都付不起了。这么下去的话，就不得不搬家了。"说着，眼泪扑簌簌滚落。

其他还有因为要带孩子而无法工作的年轻女性，生活陷入四面楚歌，自己却只能抽抽搭搭地哭泣。

看纪录片的时候，台湾的女性带着不可思议的口吻说："没有工作，就哭成这样？"

接着又说："如果还有哭的工夫，不如从明天开始摆地摊吧。"

台湾有许多人并没有进入公司做朝九晚五的工作，只要找到合适做的生意，自己就想着干点什么。

台湾流行的一句话是："宁做鸡头，不做凤尾。"意思是，与其在大型组织里被当作小卒使用，不如在小型集团里做头领。

因此，城市中的很多房东把四五层楼高的建筑物的上面几层租出去，然后把一楼空出来，好做生意。

我对中国台湾女性说："在日本想要做饮食店生意的话，又要获得许可证，还要准备好设备，很麻烦。"她们则反问道："可是，总归是能做的吧？"

然后，我们又讨论了"日本女性失业后，可以做点什么小生意"的问题。

"最好是做可以移动的咖啡贩卖服务。如果遇到检查，只要换个场所就好了。"

"卖便当是不是也可以？接受附近办公室的订单，再外送就好了。"

"近些年，日本的职业女性也增多了，做清洁、做饭之类的家政服务也可以吧？"

"如果自己做生意，还可以让孩子陪伴在旁边，也能安心。"

"如果自己一个人，能把活做完，比起做派遣工作，这样更赚钱；要是还能雇人的话，就更赚钱啦!"

不仅仅是简单的头脑风暴，连小算盘都打得啪啪响。

她们是硕士生，其中大部分都是有小孩的三四十岁的女性。

她们不仅有全职的工作，还要参加大学的课程、写论文，然后发表。作为同学，我经常感叹她们拥有的令人吃惊的能量。

她们的能量之源是孩子："因为想送孩子上大学，所以要提高自身的学历、工作能力和收入才行。"

所以，日本女性说"因为有孩子所以不能工作"的话，中国台湾女性不能理解，她们认为，"正因为有孩子，所以才必须更加努力地工作"。

"那些女性一定有自己能做的事，可以让自己摆脱困境。"

或许，"做买卖是很难的事""有孩子就没办法工作""自己办不到"等等，都是我们先入为主的看法。

"自己办不到！"如果这么想，就会自断财路。

数十年前的日本，和中国台湾一样，在自己家的一楼贩卖自己做的东西，或是采购来的商品，行商、连环画剧、跑腿的……做这种小生意的人也很多。

是时代变了吗？这么想的时候，我也注意到日本很多家庭商铺如雨后春笋般开业。

只在周末开门的冰激凌店、将旧屋翻新后改建的咖啡店、只卖几种产品却非常好吃的曲奇饼店……

鳞次栉比，相当繁盛。

我最喜欢的是一家小小的饭团店。

店主每天把一些日常小事，配上稚拙的水墨插画贴在店里，比如，"今天早上被老婆骂了，但是一抬头看到湛蓝的天空就又打起精神了"之类的内容。

因为像报纸一样每天都有新的内容，为了看这个，我总是会走那条路。肚子一旦饿了，就想要吃美味的饭团……

总之，我们要心态更轻松地做生意。

赚钱的方法千千万，让我们放飞想象力吧！

如果每个人都能这样计划，那从今往后，就算是老年人，也不会只想着被谁雇佣，而是大家都想在自己家里或门前做生意——我这样默默期望着。

提升自身价值的建议

18

☑ **思考自己能做的小生意**

19. 如果周末做事，从游戏的感觉开始

"人生只有一次，做想做的事情吧！"

"相信自己，实现自己的梦想吧！"

说起来觉得热血沸腾，但若要舍弃现在的工作，去追寻梦想，实在是有非常大的风险。

有追求梦想的想法但又非常担心的人，可以从周末的副业开始做起。

要实现梦想，是需要做准备的。

需要考虑金钱支出和生活成本的事。

向梦想前进，可以先从周末开始，或许就能找到提炼战略的方法。

可以看看我的经验，作为独立摄影师的我，平时从事市场营销的工作，摄影工作只能利用周末和夜间做。

当时有一位公司社长，成立了事务所后招我做职员，后来又任命我为营业部长。本来，就算没有我，社长也能靠自己工程师的本领让公司赚到钱。

他问我："要开多少钱你才会来我们公司？"他开了相当高的工资给我，我却一直感到不安。

因为我自己没有给出相应的工作精力，也没有切实感到自己满足了他人的需要。

但是，在周末，摄影师的工作或许为我平衡了这些不切实感。摄影工作室大部分都是让客人在沙龙做好发型，工作日会有一位女性美容师来工作以满足客人需求。而我的工作室将做发型和摄影结合起来，有人像和婚纱照的拍摄内容。

工作机会增多后，我也认识了好几位周末摄影师，这样就可以将工作分包出去。他们一边做着白领，一边凭兴趣做着摄影和拍视频的工作。他们把这当作副业，所以会精进自己的技能，拥有媲美专业摄影师的水平。

后来，因为会拍照片，我被报社聘用，也渐渐接触编辑的工作，但是在周末，我还是会四处奔走做摄影师的工作。

虽然工作越来越多，但是我依然保持着对摄影的热情。我感到自己能满足他人，而且做得很出色，也觉得这些喜悦正是自己身心舒适的原因。因为做着自己想做的事，就算没有休息日也丝毫感觉不到压力（当然，如果不注意休息，就会感到身体上的疲惫）。

这份副业的收入，也支持了我做记者时的世界之旅。

我的情况是，将自己想做的事当成周末的副业，当然也有人从周末副业开始尝试将来想做的事。

有一位女性是公司职员，梦想是有一天开一家拉面店。

但是，她除了事务性的工作外没有做过别的，在做菜和餐馆服务方面没有丝毫经验。

于是，她直接去找拉面店的老板谈，获得了周末在店里工作的机会。

从洗盘子开始，到接待客人，她积累了经验后还学习了拉面的制作，几年后，果然开了自己的拉面店。现在还开了第二家店。

当然，还有很多做周末副业的人们，他们都为自己的梦想努力着。

书法老师、酒吧店长、小说家、漫画家、写手、魔术师、心理治疗师、玩偶工匠等等，做副业，不能只是为了赚钱，最好是能探索诸多可能性的工作。这虽然是基于经验的看法，但如果不是自己发自内心感到真快乐、真想做的事，是持续不下去的。

"自己的目标是什么？""自己可以满足别人什么？"——为了确认这些问题，副业也是一种有效的手段。

如果是能够发挥自身能力的工作，报酬一定会随之而来。

作为六十岁月入十万日元的战略，可以从四五十岁开始尝试副业。

有一位做看护师的单身母亲说："将来等孩子们都自立了，我想去教竖琴。"于是，她周末或是在婚礼上演奏，或是教授养护学校（特殊教育学校）的孩子们，积累了音乐方面的经验。

正因为是副业，所以能将每一件小工作都持续下去。

一边用做游戏的心态来享受，一边轻松地发起挑战，这就是周末副业。

提升自身价值的建议

19

☑ 不要为了钱而做事，

为了想要做而做事

第五章

怎样做才能存更多钱？

存钱也需要智慧

20. 决定为了自己的幸福而储蓄

我在金钱方面的心愿，不是希望能拥有更多的金钱，而是希望能够过上没有经济压力的生活。

不为了钱而工作，不为了钱而人际交往，不被钱限制，买自己想要的东西。

必要的时候，不用再想"如果有钱就好了"，而是觉得"有钱真好啊！"只要自己想花钱，就能怀着愉悦的心情花钱。

为了过上不用考虑金钱的生活，从平时起就有必要加深对金钱本质的理解，带着尊重与之相处。

同时，也有必要理解自己的本质和欲望，明白对自己来说什么才是真正的幸福。

与金钱和谐相处的秘诀是：学习掌握关于金钱管理的智慧，管理好自己，不受一时的情绪左右。

看了之前的文字，我想大家已经充分明白拥有赚钱能力的重要性，但这并不是说没有存款也不要紧。

比如，我的爱好之一是旅行。而且，还特别喜欢说走就走的旅行。稍微有点时间的时候，我就会想不如去温泉地旅行吧；有一两周的空闲时，就会想不如去之前就很憧憬的新西兰吧。为此，有必要准备一定的资金。

这种快乐有利于精力的恢复，而支撑这种快乐的资金，就像是让蒸汽火车跑起来的煤炭燃料一样。

所谓储蓄，是为了自己的幸福而存在的。

但现实生活中，有很多人把储蓄本身当成了目的。

只是因为"对老后的生活感到不安、有一天或许需要"就储蓄，往往没有太大意义，也存不下太多钱。

为了未来那不确定的安心，而放弃当下的幸福，实在是划不来的。就算想着之后再享受，也还是不划算。如果当下有用钱就能买到的幸福和成长，不如开心地去花钱。

储蓄不能成为我们幸福的阻碍。

有一次，我在台湾见到了世界有名大企业的创始人K先生。

当时，七十多岁的K先生辞去了会长的职务，每周去公司上班两次，其他时间则去做喜欢的事，比如钓鱼、和朋友演奏小提琴等等。

在世界富豪榜上排得上名次的K先生，很久以前就宣告说不会把一分钱财产留给子孙。他利用那莫大的资产从全世界收集艺术品，开设美术馆，并对台湾人免费开放。

七十多岁的K先生对小时候常去的博物馆念念不忘，与出色艺术品的相遇滋养了他的想象力，因此他认为艺术品可以促进人的成长。后来，他决定为了当地人的教育而一掷千金，开设美术馆。

可能有人觉得："连一分钱也不留给孩子们，身为家长有点过分了吧？"

但K先生有他的信念。

"我希望让孩子们拥有自力更生、创造财富的幸福感。"他说。

如果把财产留给孩子，孩子可能就会失去这种创造的幸福。

对于个人来说，储蓄不是目的，储蓄能带来什么才是目的，所以比起达成储蓄这个目的，我们首先要成为能储蓄下钱的人。

还有，不仅仅有储蓄就可以了，更重要的是为我们的幸福和成长而储蓄。

所以，储蓄的目的、花钱的方式都因人而异。

达成幸福的方式，各有不同。

你想过怎样的生活？

你觉得怎样才是幸福人生？

为了实现幸福，你需要做些什么？

然后，需要多少钱才能实现你的幸福？

为了实现这些目的，才需要储蓄。

所有的一切，都是为了你的幸福。

提升自身价值的建议

20

☑ **不要闷头储蓄，**

储蓄的是必要的金额

21. 不要以他人的标准作为自己储蓄的标准

漫画《小好》里，有一个令我印象深刻的画面：小好的母亲从故乡打来电话，问："有在存钱吗？"

三十多岁，独身，在咖啡店工作的小好，十几年来吭哧吭哧存下的金额，是两百万日元。

这个两百万日元到底够不够，能不能保障今后的生活，小好自己也陷入了沉思……大概就是这样的内容。

看这本书的人中，可能有人会说"厉害！居然有两百万日元的存款"，也可能有人觉得"只有两百万日元啊"。

"如果有多少万日元就安心了""三十五岁应该存下多少万日元"，这些问题没有正确答案，因为每个人的标准都是不同的。而且，每个人对金钱的需求，受生长的环境、教育背景和经历等因素影响，天差地别。

然而，大部分人储蓄的理由是"为了退休后的生活而存钱""为了孩子的教育和将来的事而储蓄"等等。虽然是为了将来而储蓄，但当被问到"为了将来，有多少钱就能满足生活需求"的时候，应该没有人能准确地给出答案吧。

正因为不清楚、不具体，才会不安，虽然没有被谁强迫，内心深处却感到不得不更加努力存钱。

并不是有什么明确的不安因素，而是觉得处在令人不安的状况之中。

于是，每当听到经济不景气、退休年龄延后等负面信息时，就更加剧了这种不安。

这种没有缘由的不安主宰着自己，让自己稀里糊涂地存钱，不管存多少都是不够的。

不管有多少钱，都会觉得要更多，欲壑难填。

让我们来想想那份不安的缘由究竟是什么吧。

苦思冥想后，就会发现，有这种不安是因为觉得自己将来可能会缺钱。

但是，人们对将来的烦恼很多时候是没有道理的，杞人忧天式的，属于自寻烦恼。

如果过于不安，反而会引发更糟糕的事情，不如将自己对不安的恐惧转化为好好准备对策吧。

为了把自己从对不安的恐惧中解放出来、有计划地储蓄，需要掌握有关金钱的智慧和思考方法。

要以自己的标准去思考究竟需要多少钱，明确自己必要的储蓄金额。

不管抱着怎样的心态，不安也好，安心也好，未来是一定会来到的。

既然如此，为什么不尽量安心地过好每一天呢？

具体来说，请记住以下三点。

（1）要做乐观生活每一天的人

虽然确定储蓄的目标金额是一种方法，但如果整天哀叹"还差多少万""最近存款减少了"，好不容易存了钱，却让自己的心情和生活不快乐，这样做得不偿失。所谓"幸福的储蓄"，是在金钱增加的过程中感到幸福和快乐。

陷入负面情绪的时候，视野就会变得狭窄。

请试着回想一下，其实我们最初降生到这个世上，赤条条一人无牵挂，开始的存款金额是零。现在如果有存款，就算很微薄，难道不应该为存款在增加而高兴吗？

（2）舍弃别人的标准，建立自己的标准

别人有多少存款、有多少财产、有怎样的价值观，与你的人生完全无关。没必要在意、比较同事和朋友们买的东西，以及社会上的平均储蓄额。不要因为无聊的信息而扰乱了你的生活节奏和人生。

切记，关于储蓄，请务必舍弃必须、应当等强迫性的言辞。

储蓄，既非强制也非义务。

认识到自己的人生由自己决定，使用"我想要""我希望"等能动的、肯定的言辞。

"存款有多少就够了？"

决定这一点的，只有你自己的标准。

（3）根据自己的价值观制订简单的储蓄计划

储蓄计划没必要弄得复杂。更准确地说，简单明确的计划更利于目标的达成。

描绘自己未来的蓝图，制订反映自己价值观的计划，比如"为将来做准备，决定每月存一万日元""为了买想要的家具每月存两万日元"等等，也可以灵活地变更。

重要的是，你要排列好人生的优先顺序，决定好目标，沿着这条路前进。做计划虽然是为了目标的达成，但是更重要的目的是，创造出充实的"现在"。

为了让你的人生处处精彩，在金钱上要有计划性，要养成调控财政的习惯。

你现在的样子反映了你现在的经济状况。想着"这么多就够了吧""不，还能更多一点"，在不知不觉间，想法就会一点点变成现实。每月存下一点钱，给予自己"可以再多一点"的希望。

不要觉得每月存五千日元没什么意义。只要坚持，不仅能存下金钱，还能一点点塑造自己的信心。

提升自身价值的建议

21

☑ 制订自己的储蓄标准，

描绘出未来的蓝图

22. 存不下钱的人，要克服以下四点

　　实际生活中，有的人收入本来很多，却疑惑道："我基本没有存款。我到底把钱花到哪儿了？"也有人收入并不是很高，却能享受生活、好好存钱、四处旅行、买下公寓，还能保证晚年的生活。

　　是不是哪里出错了？

　　首先，善于管钱的人，有很强的目的意识。
　　其次，他们不会在没必要的地方花钱。

　　也就是说，能存下钱的人，能非常明确地界定"必要"和"不必要"的支出，切实地做好预算管理和储蓄。

如果有"因为大家都在这么做，我也……"的心态，那是存不下钱的。

如果有"这么些也差不多了吧"的心态，也存不下钱。

经过访问，我发现存不下钱的人，有以下这些习惯：

- 总是喜欢买东西；
- 没事喜欢花钱；
- 习惯分期付款；
- 对打折和减价没有抵抗力；
- 难以拒绝诱惑；
- 疏于收拾整理。

换言之，他们容易被眼前的事物迷惑，而忘记了本来的目标。

然后，习惯放纵自己，日积月累，财运就渐渐远离了。

存不下钱的人，在储蓄的方法上也有问题。

想要储蓄的人，有以下习惯的话，也很难存下钱来。

- 把花剩下的钱存起来；
- 只在一个账户里存钱；

- 想尽可能多地把钱存起来；
- 不能把控信用卡消费额。

你有没有这样的习惯呢？为什么说有这四种习惯的人会存不下钱呢？让我们一个一个解开疑惑吧。相对应地，我也会介绍一些存得下钱的人日常使用的储蓄方法，帮助大家规划自己的收入，增加储蓄。

（1）把花剩下的钱存起来

大部分存不下钱的人，每个月在生活费、娱乐费等多项费用支出之后，才把剩下的钱存起来。这样一来，就算有每个月存两万日元的想法，但因为账户里还有钱，就总会不经意地花掉。这样做储蓄计划的人，他们很难制订储蓄的目标金额和时间。

- 改善对策——用预扣的钱储蓄

如果真的想要储蓄，就运用转账功能，在收到工资的当下，立刻转出一部分到别的账户作为预扣的储蓄，并尽量不要动。把扣除了储蓄部分的收入当作生活费，就不必再考虑储蓄的事了。这样，在不知不觉间就能存下钱，之后还能感到惊喜。

像这样自动式的储蓄方法，是许多存得下钱的人在使用的秘诀。

（2）只在一个账户里存钱

如果把所有的钱都放在普通账户，除了可能会随时使用，还难以把握储蓄的金额。如果有多个目标，可能会分不清，达成率和可持续性都难以判断。比如，存一笔用于付公寓首付的钱，同时可能又觉得这笔钱也可以用于支付结婚仪式和新婚旅行的费用。但是买完公寓后，很可能其他的预算就没有了。

● 改善对策——把钱存放在多个账户

只用一个账户管理储蓄，或许是存不下钱的。如果是有计划地存钱，我还是推荐按照不同的储蓄目的，将钱放在不同的账户里比较好。在哪个账户存了多少，达成率一目了然。为了能让储蓄持续下去，越简单越容易理解，而且还能切实把握进度。

（3）想尽可能多地把钱存起来

想尽可能多地储蓄，虽然是好事，但要是过分勉强就不好了。"总之，要存钱！""每个月要最大限度地存钱"，像这样，把存钱放在第一位，过分节约，想买的东西也忍住不买，最后就可能身心疲累，因为存钱，与家人的关系也会恶化，而且可能会为了安慰自己而报复性花钱，储蓄也就时多时少……然后可能突然放弃，让一切计划半途夭折。

● 改善对策——每月存一定的金额

储蓄目标和每月的储蓄额，如果不能持续，就没有意义。如果每月能好好地存下一笔固定的金额，就不会总是纠结于到底存了多少，情绪也不会因为存款时多时少而上下起伏。每月储蓄额的增减，随时可以控制。如果还有剩余的钱，也可以用作其他方面的支出。这样，既可以保持"以一定金额来生活""偶尔也能奢侈一下"的灵活性，也能享受存款增加的快乐。

（4）不能把控信用卡消费额

把信用卡消费的支付拖延到下个月或发奖金的月份的

人，可以说是很不善于管理支出了。刷信用卡不同于用现金，缺乏花自己的钱的感觉，不经意间就买了价格高昂的东西，也常常积累下很多笔小额的花费。如果不能把控支出，就会对储蓄的完成产生压力，也可能产生上个月海外旅行的账单来了，但这个月已经是赤字了之类的事。

● 改善对策——将用信用卡支付的钱作为这个月的支出

将用信用卡支付的金额记录下来，不要把它们当成下个月的支出，而要当成这个月的支出。信用卡、借贷之类的负债，并不是从银行或信用卡公司借钱，而是向未来的自己借钱。

这个月如果用信用卡买了一万日元的衣服，就要从存款里拨出一万日元，预备下个月的支付。把控住各项支出，合计金额如果是五万日元，就从银行账户里拨出五万日元，用作下个月的支出。

也就是说，在现有金额的范围内使用信用卡。

如果做不到这一点，我建议还是用现金支付吧。

让我们整理一下。能存得下钱的人，有以下三种简单的特征：

（1）有明确的目的意识；

（2）制订了自己的储蓄方法；

（3）牢牢把控支出。

反过来想，做不到这几点的人，就存不下钱。

提升自身价值的建议

22

☑ 明确知道自己需要什么，

每月存一定的金额

23. 计划外支出要变成计划内支出

当被问到存不下钱的理由时，很多人会下意识地回答："因为生活中有许多意料之外的支出。"比如说，以下这些情况：

- 朋友、同事的红白喜事的份子钱；
- 临时的聚餐或休闲费；
- 换家电的费用；
- 车检的费用；
- 税金、保险费；
- 孩子的暑假补习费；
- 亲戚朋友的生日礼物。

确实，类似这样的费用接二连三地来，这个月手头就很紧了。

但是，请冷静地想一想。这些所谓意外的支出其实并不是偶然发生的支出，而是事先可以预计的计划内支出。只不过我们先入为主地认为自己不能掌控这些费用。不，准确来说，是自己想要这么认为。

如果把存不下钱归咎到因为有临时的支出所以没办法这类原因，大部分人就不会感到内疚，不会意识到整件事的错误是自己没做好预算管理，将超支问题认定为偶然发生的事情，实际上是回避了自己的责任。

如果养成这种推卸责任、找借口的习惯，虽然一时之间心情会轻松，但想要有自己的储蓄就很难了。

而且渐渐地会产生巨大的不安。

二十岁、三十岁、四十岁……随着年龄增长，与他人的关联和所承担的社会责任会增加，临时支出也会越来越多，如果总是轻易地放纵自己，不能正面认识问题，会越来越存不下钱。

还有些人，年轻的时候明明好好存钱了，却因为不能很好地应对不断增加的临时支出，觉得储蓄越来越艰难了。

要想从这样的恶性循环中摆脱出来，可以用记账簿，也可以以一年为单位做预算计划。

与写工作的年度计划一样，把一年之中可以预测的支出，即每个项目和金额都列出来（之后可以再作删减）。

这样，每个月按计划执行，检查完成度，可以掌握什么样的支出是必要的这一硬性指标。

这种把计划写下来的办法，将本以为是计划外的支出变成了计划内的支出，总会记在头脑中，花钱和存钱的方式都会改变。

另一种办法，是在银行账户里设定计划内支出的额度，这样，当遇到朋友的婚礼或其他约会的时候，就不用因为考虑钱的事而陷入负面情绪了，也能从心底为他人感到高兴。

为了不因意外支出而发愁，就要对可能发生的支出做预算，事先做好储蓄和机动预算。

提升自身价值的建议

23

☑ 买一个自己喜欢的手账本，

习惯使用记账簿

24. 兴冲冲储蓄和安心储蓄
一起支撑着人生

看到这里的读者，如果还没有储蓄计划，请再一次认真思考储蓄的目的吧。

虽说每个人的回答都不同，但对我来说，储蓄是让我充满生机活力、值得感激的东西。

如果只是为了晚年生活有着落而储蓄就有点太过无聊，也不会感到有多快乐。

就算是为了想要什么、想去哪里等模糊的目的，也并不那么快乐。于是，便存不下太多钱。

但是，当我们开始具体考虑实现我们的梦想和目标需要多少金钱时，就会变得兴奋、富有激情。

科学上有一种说法，相比胜利到手的那一刻，梦想胜利时刻能让大脑分泌更多的快感物质。

而且，这一过程会在脑海中反复出现，带给我们非一般的愉悦感。

比如，有一位编辑曾对我说，他有一天突然想到："如果能参加某个国家举办的书展，该是多么棒啊！"

接着，又产生了接二连三的具体疑问：

"去哪个书展呢？"

在网上一查，德国和英国的书展看上去很有意思。

"它们什么时候举办、举办多久呢？"

在伦敦举办的书展是在来年的初夏，大约持续3天。似乎是自己可以去参加的活动。

"去那里要花多少钱？"

查看旅游网站、询问可能了解的人，渐渐对去伦敦参加书展有了初步的概念。

于是，"好，加油工作，努力存钱！"的想法就直指去伦敦的书展这一目标，然后就是按部就班的存钱、节约、计划，这位编辑的日常行为也改变了。

在我看来，这样的储蓄可以说是支撑人生的要点了，也深得储蓄的要义。

我们可以在记账簿前面列下自己想做的事，以年为单位来管理（也可以有更长期的计划）。

买大尺寸的床、带父母去京都旅行、去意大利短期留学……自己想做的事要花多少钱，储蓄的目标就定多少。

虽然是基于自身经验的感想，但如果真的按照这个经验去做的话，钱一定会有的，你会千方百计节约、存钱，也会考虑做点副业。

有人说因为没钱所以没办法，那将会永远蹉跎人生，而且看起来太像借口了。

提升自身价值的建议

24

☑ 把实现梦想和目标的金额，

具体地写出来

第六章

如何掌握花钱的艺术？

享受生活与保障未来，我全都要

25. 过去影响着花钱的方式

一个人花钱的方式，体现了他为人处世的本质。

这句话直白地指出：我们的本质和品格毫无保留地展现在花钱方式上。

比如，就算再怎么宣传女性的美是由内而外散发出来的，但如果经常去高级的美容沙龙，至少能被当成是讲究外在美的人。

如果明明没有很多钱，还在美容上花钱如流水，就会被认为是不是对自己的外貌有什么不安或烦恼。

在书本和研讨会上花钱的人、在奢侈品上花钱的人、在喝酒上花钱的人、在孩子教育上花钱的人、在赌博上花钱的人、在房子上花钱的人……人各有志，但完全可以由此推断：那个人看重的是什么，有没有虚荣心，是不是容易从众。透过花钱的方式，我们总能看出点什么。

不管嘴上说得多么动听，花钱的方式却直接地告诉了大家你是什么人。

曾经有一位年轻男性，喜欢讲究排场，在好车上花钱，但近来却不怎么买车了，就算买，也多是经济实惠的小型车。这反映出他改变了自己的生活方式，选择了量入为出的生活方式。

就像遇到困难时可以看出一个人的品格，当一个人穷困或暴富时，花钱的方式可以反映此人的品格。

无论好坏，花钱的方式不仅仅反映了我们当下的内心，还体现了导向现在的过去，也在一定程度上反映出父母的金钱观和过去的失败经历。

有一位女社长，因为从小家境贫困，所以连修学旅行也没能去。从小，母亲就常常对她说："父母总有一天要离开的。不要依赖父母，要自己努力去生存。"于是，她总是想着要自己赚钱，后来她做到了。

还有一位男性，受到从事自由职业的父亲的影响，一直打零工，一旦存下一些钱，就去东南亚过放浪的生活，也没有什么长远的人生规划。

管理金钱是一本故事书，在金钱问题上遇到困难，从失败中学习经验，也是故事书的一部分。

　　我过去在金钱管理问题上有多次失败的经历。

　　把在股票上赚的钱当成横财，如流水一般花了出去。

　　把钱放在信任的人手里，却被无故花掉了。

　　也有一些时候，为了几百日元，就与重要的人吵得天翻地覆。

　　有了这些不愉快的经验，我深刻认识到如果小瞧金钱，就会遭受困难；如果过分在意眼前的得失，就会迷失自己、破坏人际关系等等。

　　每跌一次跤，就能从中学习到一些金钱管理的智慧和对人性的认识。想着不要犯第二次错误，对如何管理和使用金钱就变得十分注意。

　　当你在金钱问题上感受到后悔、难过、痛苦、空虚、愤怒等负面情绪时，这些经历恰恰是形成自己正确金钱观的机会。

　　审视我们到目前为止的花钱方式，你就会发现，谁都有一定的花钱模式，而且你可以通过这种审视建立起我看重什么、我喜欢做什么等清晰的金钱价值观，还能了解到我容易在什么事情上亏钱、我的弱点是什么等的自我本质。

从今天开始，请树立这样的观念：与金钱相处，就是与自己相处。

提升自身价值的建议

25

☑ **因钱而来的负面情绪**

是培养正确金钱观的机会

26. 不要为了填埋不得满足的情绪而散财

"不管买什么都好，就是想花钱。"

你有没有过这样的心情呢？

在公司遇到不爽的事、终于受不了天天节衣缩食的日子、不知道为什么突然觉得很寂寞、朋友比自己先结婚……不知道为什么，就是想在心情不好的时候大把花钱——这种心情，大部分女性恐怕都有过。

这种时候，如果遇上打折，就更糟了，钱包就像被打劫一样。整个人恨不得飞到商品中，将它们全部放进购物车。

就算是有点贵的东西，也会不经意地买下。平时不会买的东西，其实并不需要的东西，都可能买下。完全丧失了判断能力，回家整理的时候可能会有为什么总是控制不住自己、真是有点儿失败的想法涌上心头……

但是，每当这个时候，脑中就像有个律师一样，把借口一股脑儿地抛了出来。

"最近都没怎么花钱，偶尔也奖励一下自己嘛！"

"那件衣服似乎能穿很久，很划得来！"

"总是找不到适合我的衣服，这件真的很棒！"

需要找原因印证自己花钱的理由，恰恰是因为连自己都感到购买这件东西值得怀疑，所以才会想找出合适的借口。

最后，甚至会忘了自己买过这件衣服，将它放在衣橱里积灰了……

其实我们真正想要的东西并不是在打折期间买的衣服，而是花钱时的快感。

如果探究这一连串行动背后的心理动机，会发现支配着我们的行动的是以下这些情绪：

（1）有需要发泄出来的负面情绪；

（2）为了填补负面情绪引发的空虚感，要寻找引起正面情绪的事件；

（3）只想要得到快感，结果判断失误；

（4）将自己的行动正当化。

如果陷入这样的情绪循环，就会产生为了花钱而花钱的行为。

心情郁闷时，放纵自己花钱，如果能从中领悟到停止用钱来填补空虚的人生经验倒还好，但完全有可能无法割舍一瞬间的快感，又重蹈覆辙。

一方面，我们要认识到女性花钱的行为有时是情绪性行为，是非理性的。

特别是负面情绪高涨的时候，理性判断就更加困难，判断失误的危险性升高。

只要在消费中意识到这一点，大部分人的冲动性消费都会有所改善，每当自己陷入负面情绪时，就时刻提醒自己尽量不要靠近打折区。

如果能认识到追求快感时，会忽视其他的东西，就能提醒自己"等等！""是不是也有别的选择？""睡一晚再考虑吧"，从而悬崖勒马，避免冲动消费。

买大件东西的时候，也可以通过与别人商量，来避免自己判断错误。

另一方面，探寻构建自己幸福的方法并实践，也是避免自己过分依赖金钱的一种智慧。

当内心充沛、感到满足、心情愉悦时，金钱就不是那么重要了，也不会为了花钱而花钱。

不再追求自己没有的东西，而是珍惜自己拥有的。

如果怀抱无论何时都能微笑面对人生的心态，实际上，金钱就不是那么重要了。

提升自身价值的建议

26

☑ 想花钱的借口，

　　基本上都是假的

27. 金钱的价值决定于快感的大小

既然说金钱有时候没有那么重要，那么让我们再一次仔细地考虑金钱的价值吧。

"金钱在日常生活中，到底是为了什么而存在的？"这个问题的答案因人而异，我认为，金钱本质上是为了价值交换而存在，是为了与人们一生中都追求的幸福相交换而存在的东西（有时候也会被错误地使用）。

所谓"幸福"，既包括"啊，这真好吃啊！"的瞬间性幸福，也包括"有了这个保险，就能安心生活了"的持续性幸福。

从"买了一个漂亮的茶杯，真是开心"的小确幸，到

"让孩子接受了好的教育，真好""在漂亮的房子里生活，真幸福"的大幸福，在许多幸福点上，我们都需要金钱的支出。

快乐、安心、兴奋、充实……有许许多多种幸福，概括地说，就是让我们的心跳加速的快感。

我们就是为了这种快感而花钱的。

反过来说，我们可能只会在能带来快感的事物上花钱。

这样就形成一个简单的判断法则：

金钱的价值 = 快感的大小 × 频度（期间）

只是，这里的快感是当事人自己定义的。

金钱 = 看得见的价值

快感 = 看不见的价值

也就是说，这是看得见的价值与看不见的价值的交换。

如果不能判断出能让自己高兴的看不见的价值的阈值，过高或是过低地估计这一点，花钱的方式都会出错。

一件商品或一项服务的价格虽然是一定的，但是其所带来的快乐、安心、兴奋等快感却是因人而异的。

比如，有人觉得为一块蛋糕花一千日元很浪费，也有人觉得非常合适。

如果是喜欢喝酒的人，就算花费五千日元、一万日元也想去喝。而我不喝酒，所以对喝酒这件事感觉不到一丁点价值。我觉得与别人深入交谈、理解他人的世界、获得新的价值观和信息是很有趣的，也能感到快感，所以认为这个是有价值的。

如果有机会能让我和自己渴望交流的对象一对一地深入谈话，我愿意每次花费一万日元。

还有，花一千五百日元买本书，却放在书架上积灰，就等于把钱打水漂。但是，如果读了，略有所得，自己的行为也能顺势稍有改变，那就有一千五百日元之上的价值。如果你能反复阅读那本书，不断从中得到新的人生灵感，甚至可以说产生了一万日元以上的价值。

我自己比较倾心，也一直推荐的有效花钱方法是，对旅行进行投资。

比如，就算是三天两夜的旅行，我也会从一个月前就兴奋不已。就算在工作中遇到了不开心的事，只要想到"我即将迎来痛快的旅行"，就拥有了战胜一切的力量。旅行之后，心情舒畅，又有了想要继续努力的动力。旅行的经历和旅途中的邂逅，常常成为人生的财富。

还有，带父母一起旅行、与恋人的甜蜜之旅、成为人生转机的一人之旅等等，会令人在往后的人生中多次怀念，让自己的内心充满温暖的力量。

为了能两次、三次、上百次地体会这种幸福，我会更加积极地赚钱，让自己的人生进入良性循环，这样多好啊。

理解眼睛看不见的价值，有助于养成有效使用金钱的习惯。

"其他人在什么东西上花钱呢？""有没有更便宜的？"等等，如果开始考虑这些相对价值，就很难树立正确花钱的思维方式。

如果因为体会不到正确花钱的幸福要义，开始向其他方向蔓延自己的欲望，就会迷失自己最初储蓄、赚钱时想要实现的目标。

只要想清楚，对于自己来说，什么是最重要的，到底有多想要等待绝对价值带来的幸福就行了。重要的是，对于自己来说有没有价值。

答案不在身外，在自己心中。

不过话说回来，常有人问："金钱到底能不能买来幸福？"给大家一些时间，让我们稍微考虑一下吧。

我们总是为了购买各种各样的幸福而花钱，但金钱并不能买到所有的幸福。这是必然的，因为存在金钱买不到的东西。

所谓人生真正的满足感，是由爱、信任和努力构筑起来的，不仅依靠金钱，而且要费时费力、倾注热情，才能得到。

但是，这样无与伦比的幸福却十分脆弱，常因为金钱而被破坏。

有钱不一定幸福，但没钱却往往不幸。

为了守护自己的幸福，既要掌握金钱的本质，还要确保自己以正确的方式与金钱相处。

拥有自己的价值观，搞清楚生活主次的人，可以更有效地发挥金钱的作用，为自己的人生助力。

只要清晰、坚定地把握住了人生前进的方向，就不会走上浪费金钱的道路。

提升自身价值的建议

27

☑ 以能为你带来多少

绝对价值考虑金钱

28. 价值也有鲜度和频度

我进行研修的学院里，有一位教授曾这么说：

"不管是什么课题，只要你想知道关于它的更多知识，就要尽早去买相关的书来读。于是，知识就会毫不费力地进入头脑，你也变得更加求知若渴。如果兴奋劲过了之后再读，知识的吸收效率会降低，而且有时还会觉得无聊，只是白白浪费金钱而已。"

原来如此，我恍然大悟。除了学术书籍、商业书、杂志、食谱等，其他类型的书我都是在买下的当天就大致通览一遍。花时间的小说虽然不能当天就看完，但至少也会读完第一部分。

因为那是最想知道的时候，所以"原来如此""哦！""这样啊"等的感动和刺激会直接刺激大脑皮层，然后就产生"以后还要读""实践看看吧"的想法。

强烈渴望的时间一过，热情就会渐渐冷却，好奇心引起的探究行为一旦延迟，就算读了，也会因为求知欲没那么强烈，常常浅尝辄止、一笔带过，错失了深入学习的机会。

价值有鲜度，所以想做的事要尽快做才是有效使用金钱的方法。

俗话说，"闭眼前才后悔人生虚度"，人们总是感叹"要是再多点旅行机会就好了""要是多吃点爱吃的东西就好了""想做的事都没有做"。

做了之后感到的后悔，会随着时间流逝越来越少；而因为没做感到的后悔，则会越来越多。

"总有一天会去的""总有一天会买的""总有一天会享受的""总有一天会学习的""总有一天会尽孝心的"……这样的"总有一天"，结果都是"明日复明日"，且不说"总有一天"会让幸福感减半，等待简直会让有些事情失去意义。

当下有当下的快乐，未来有未来的幸福。

如果为了某个大目标而在平日里节衣缩食，忍耐着不买喜欢的东西，虽然也是一种手段，但是巨大的负面情绪常常让一切变得没有意义。

人生不是因为偶尔有巨大的快乐才幸福，而是因为有许多的小确幸才感到幸福和充实。

所谓幸福，不是指一种状态，而是感到"啊，真幸福"的一个又一个瞬间。

吃到美味的食物觉得幸福，看到美丽的风景觉得幸福，家人团聚觉得幸福，这些小小的、平凡的幸福积累在一起，构成大大的幸福。

比起一周只笑一次，还是每天多笑几次更加幸福吧。

在极其平常、被我们视为理所当然的日常生活中，存在着幸福。

在这样的生活中，不断选取自己觉得有价值的事物充实生命，才是有效使用金钱的方式。

比如，一年前，我买了一盏挂在餐桌上的吊灯。因为喜欢它那仿佛被丝绸包裹般的柔软和如工艺品一般的设计，每天看到它的时候不由自主地沉醉于梦一样的氛围中，会发自内心地感叹："真美啊！"一盏灯居然能让人这么幸福，这是我新的发现（但也有完全感觉不到这种幸福的人）。

对于能让自己频繁地感到幸福的东西，我认为就算多花点钱也没关系。

还有一件事也让我印象深刻，大概是十年前，我的父亲为了送外孙生日礼物，买了一棵巨大的圣诞树。

"衣服或玩具什么的，小孩子很快就用不到了。圣诞树就算长大成年，也能每年使用。只要一想到是外公买的，就会很开心吧？"

就像父亲预想的一样，即便是父亲去世后，每年的圣诞节我们依然会摆出这棵树，家人们聚在客厅装饰它，都觉得父亲买了件好东西！父亲也一定在某处浮现出满意的微笑吧。

认真回想起来，父亲似乎只有为数不多的几件衣服，但夹克和呢子帽，买的却都是做工非常精湛的。当时，虽然家人吐槽"这么贵的东西真亏你能买得下手"，但父亲十年、二十年都一直用着这两件物品，一直让人觉得很时髦，也许这正是一种有效的花钱方式。

事物的价值有鲜度和频度。

能否看清它们，与能否好好使用金钱息息相关。

提升自身价值的建议

28

☑ 想做的事要尽快做，

才是有效使用金钱的方法

29. 为了希望而花钱

　　在台湾的南部，生活着一群纵横世界商界的超级大富豪。而这些大富豪，看上去一点也不像有钱人。

　　他们平时就穿着拖鞋和短裤，在街边的小摊吃饭，看上去和普通人没什么两样。然而，如果拜访他们，你会发现他们的住宅是从大门到屋子需要十分钟车程的超级豪宅，或者是从没见过的超大公寓。且他们热衷于收藏。

　　我所知道的大富豪，多为经历了起起伏伏的岁月，最终建立起财产帝国的创业者。他们有自己的挣钱方式，花钱的方式也有一些独特之处。

（1）生活上格外俭朴

成了富豪，并不一定就只吃高价的食物，而是只要自己觉得好吃的东西都行，比如本地的蔬菜水果、从小就吃的料理等等。穿着也很朴素，在水电费上也很节约，不赌博，也没有夜生活。除了居住环境要求高以外，在生活的其他方面基本不花什么钱，衣食简朴地过日子。

（2）对想要的东西、想做的事情，花钱多少都无所谓

但是，假如是自己的兴趣所在，经常一掷千金。比如收集全世界的奇石，还比如一年去海外旅行好多次。对自己想要的东西和想做的事情，他们花起钱来从不眨眼。

（3）该花大钱时，毫不吝惜

在不动产或汽车之类的东西上花大钱时，绝不会退而求其次，要尽量买最好的。

我曾经想买一辆二手的小型摩托车，认为只要最便宜的就行了，结果被训斥道："这样做是浪费钱！"

"便宜的摩托车容易出故障，会产生很多修理费。转卖的时候，也卖不上价。买最贵的，卖的时候要价最高，也不用修理。最重要的是，骑行的时候，也安全舒适，不是吗？"

但我却没有听从那个忠告，买了一辆便宜货。可我很快就感受到："还是那个富豪说得对。"

买房子也是一样的道理，如果买有许多瑕疵的，最终价格也会下跌。但如果是很少见的好户型，想买的人就多，价格也就很难下降。

虽然在"衣"和"食"的消费上不怎么花钱，但对于能以财产的形式留下来的东西，富豪对其价值极敏锐，花起钱来也十分大方。

（4）为了他人而花钱

富豪群体普遍都认为赚钱不仅仅是一个人的力量，而是多亏了大家的帮忙，他们对旁人充满谢意，也不会独自享受金钱，经常通过慈善事业回馈社会。

很多富豪都会用自己的财富资助贫困家庭，支持当地的经济，关注周围人的幸福。在地方上设立奖学金制度，资助当地学子去海外留学，为将来做投资。

让周围的人幸福，最终会变成自己的幸福，这是金钱的作用。

总结下来，我从台湾的富豪群体身上学到的花钱方式是：明确不花钱和花钱的标准。能够以财产的形式留存下来的东西，能为他人带来幸福的事，能创造未来的事，花钱要在所不惜。这样，所花的钱，就会变成自己的幸福回报。

用能生钱的方式花钱，是他们拥有巨额财产的原因。

提升自身价值的建议

29

☑ 明确不花钱和花钱的标准

第七章

如何获得不愁钱的人生？

比储蓄更重要的，是投资自己的赚钱能力

30. 成为可以说
"我能做这件事!"的自己

"一旦从正式社员辞职,就会沦为派遣社员、兼职……工资会不断下降。"

"没想到要重新回归职场这么难。现在能做的工作也就只有兼职打工了。"

像这样,因为辞职、转职而造成事业跌入低谷的女性,不知道有多少。

我自己也是其中的一员。当初来到东京时,特别深刻地体会到这一点。翻开求职杂志,上面的服务、事务性工作基本都有年龄限制,真是让人想要自暴自弃。

"我真的是没有雇佣价值啊。"有时只能这样哀叹。

我在很长一段时间里参加编辑聘用考试都没通过，只能伤心地认为自己的技能毫无用武之地。

在当今社会中，女性很不容易获得第二次机会，特别是现在，除了应届生，其他的职位基本都希望应聘者人来了就能上手。在这样的形势下，如果没有拿得出手的技能，就不得不与众多的其他人一起争夺谁都能做的工作。

只要处在众多的人之中，如果不是年轻、健康、样貌好，而且还好用耐用，是很难被雇佣的。如果难以获得好的工作机会，渐渐地，你的事业信心就会坍塌。这是必然会发生的事。

而且，就算有一技之长，如果不能提供自己独有的价值，还是难以获得工作机会。就算自己有拼命工作、努力做好的干劲，在开始阶段也会非常艰难。

但是，每当我遇到这种难以出头的情况时，就会换个想法——"这是自己积累力量的时刻，可以让自己将来逆袭的契机"。

"请您务必接下这份工作。"

为了让别人对我说出这句话，该做些什么呢？——我每天都在思考这个问题。

在事业下降的过程中，再小的机会也要抓住，慢慢增加自己工作的机会——这些之前我已经说过了，但是，要遇见这些通往成功的机会，必须提高自己的能力。

所谓能力，不仅包含工作上的技能，还包括处理人际关系的能力、洞明世事的能力，以及作为独立品牌被记住的能力。当然，可能还需要缘分和机遇。

能让别人说"想拜托您""想与您共事"的能力，绝非一朝一夕就可拥有，而需要习惯性地对自己投资时间、金钱和精力。

特别是对自己进行金钱上的投资，会产生新的利益产出点。

考取资格证、学习新东西、与一流的职场人见面、读书、体验从没做过的事情，都是投资的手段。

这样，让自己不断成长，与之相应的机会也就会随之到来。

我有一位朋友曾经是家庭主妇，四十多岁时离婚。她自己什么工作也不会做，却下定决心，将自己的全部财产作为学费让自己有进入大学和研修院学习的机会。现在，年过五十岁的她成了大学的讲师，还开设了自己的研究室。

还有一位朋友是单身母亲，因为没钱，没能去上电脑技能培训学校。她直接找到学校的几位教师面谈，说："前台也好，会计也好，助手也好，我什么都可以做，请让我在教室的角落旁听吧！"后来，讲师们请她试着做做制作网页的工作，现在她成了年营业额数亿日元的 IT 企业的社长。

如果没有可用作投资的钱，可以通过提供劳动，获得学习机会和机遇。

总之，在如今的时代，所有人都可以做自由职业者，打造属于自己的品牌。

在这个时代，要思考自己可以做些什么，琢磨自己的赚钱方法。

就算没被公司雇佣，处在家庭之中，也需要有支撑自己活在世间的买卖意识。特别是过了六十岁，基本上所有人都成了自由职业者。

如果有自己的一技之长，与你交往的人也会不同。

机会也将一个接一个地出现，通过满足他人，收入自然随之而来。

加大对自己的投资，可以比储蓄带来更大的利益，从而更好地帮助自己。

最重要的是，抱着目标而成长，可以让自己的生命闪闪发光，从而带着愉快的心情生活，每天的心情都会变得兴奋而快乐。拥有这样想法面向未来的女性，在职场上自然不会差，也会散发出强烈的个人魅力。

"自己可以做些什么？"

"想让别人拜托自己，我要具备什么特点、独家特色、独家秘籍？"

让自己闪闪发光，谁都有做到的可能。

自己能走到哪一步？让我们把这个战略当成下一步的课题，一边快乐地享受，一边认真地思考吧。

提升自身价值的建议

_30_

☑长期投资自己的习惯，

会拯救自己

31. 用"WWH战略"考虑人生财富规划

　　在思考人生的财富规划时，我们有必要借鉴登山的逻辑来思考。

　　在登山的时候，需要思考"登哪座山""选择哪条登山路径""登山时需要准备些什么"，确定目标和方法后再行动。在金钱规划方面也是一样，需要先捋出这样的逻辑顺序。

　　如果只是盲目地认为"只要存钱就对了"或"只要一直工作，船到桥头自然直"，可能永远无法过上自己理想的人生。

　　想要实现某个目的或目标的时候，我通常会按照"WWH"（Why、What、How to）的顺序来思考整个战策略，在金钱规划和管理上也是通用的。

　　请按照以下的顺序来完成你在金钱规划上的基本想法（可以不止三点，只要想到就可以列出来）。

　　（1）W（Why）

　　"为什么想赚钱？"（目的、理想）

　　① _____

　　② _____

　　③ _____

　　（2）W（What）

　　"为了实现（1），十年后，你想成为怎样的人？"（目标愿景）

　　　① _____

　　　② _____

　　　③ _____

　　（3）H（How to）

　　"为了实现（2），你当下能做些什么？"（方法、战略）

①_____

②_____

③_____

（1）是想要赚钱的目的，问的是"你想过怎样的人生"，是关于人生的目的和理想。这是考虑人生财富规划时的中心，是最重要的指针，它指导着"究竟需要多少钱""需要工作到什么程度""需要存多少钱""需要投资多少"等问题。

想要赚钱的目的没有正确答案，"为了满足别人同时让自己幸福""为了尽情享受人生""为了让家人开心地生活""为了还债""为了在晚年成为志愿者""为了在某地建孤儿院"等等，每个人都有不同的目的。

"生活上不用太过奢侈，只是想悠闲地过日子"——如果有这样的理想，就不用挣太多的钱。比起赚钱，不如用时间和精力让人生更加丰富。

"为了每年享受一次海外旅行""为了在宽敞的公寓里生活"——如果有这样的理想，就需要相应数额的钱。

请一定不要弄错自己的目标。没有目的，只是想要钱的人有很多。但是如果没有目的，不论是赚钱还是存钱，都不会顺利。

在达成自己人生的目标上，并不是说只要有这些钱，人生目标就有实现的可能，而是因为有了目标，才有可能赚到钱。

如果明确了（1）中关于赚钱的目的，接下来，就要考虑如何实现它。请想象一下（2）中"十年后的自己"。

比如：

"成为一名瑜伽教练，能给人在健康上提出建议。"

"开一家商店，提供低热量的甜点。"

"成为一名化妆顾问，主要为老年人服务。"

"在国外教授日本式的家庭料理。"

"经营面向女性的不动产业。"

…………

请自由地想象自己想成为的样子、最闪光的样子。

这与能不能做到无关，请将自己想成为的形象，像电影场景一般，鲜明地描画出来。

我的理想是"一边在爱琴海旅行一边写东西""守护那些在畅销书架旁读着我的书的读者"等等，我会每天无数次反复想象那样的场景。这些想法最初浮现在脑海中的时候，我简直觉得是异想天开，但某一刻，那个画面就真的成为现实了。

想着一定能做到，想着理想中的场景，这样的生活会让现实一点一点地靠近梦想。当然，与要想实现这样的想法相匹配的，是需要采取相应的行动。

据说，人不会想象完全不可能的事。只要在脑海中鲜明地描画，则有可能成为现实。

然后，第三步就是思考"为了实现（2）中的理想形象，当下需要采取怎样的方法"。

"为了学习做料理，在尊敬的老师店里学习。"

"为了成为心理治疗师，去上研究室的课。"

"去孤儿院和养老院做教授乐器的志愿者。"

但你需要做好心理准备，最初是挣不到多少钱的。

要想成为有一技之长的自己，不要只停留在想象上，只要动手去做自己能做的事，下一步的课题自然就会出现，也会意识到这个方法很难、这不适合我等问题。

中途可以做出修正，也可以暂停一会儿。

方法要多少有多少。只要一边走，一边寻找就行了。

重要的是，为了实现（1）中理想的自己，让自己尽情去探索。

赚钱、花钱、存钱、投资等金钱战略，全部彼此相连，都是基于你想过怎样的人生这个基础问题。

如果这个基础打牢，财富计划就可能顺利进行。

让心始终保持自由，思考以下问题：

"想过怎样的人生？"（Why）

"想成为怎样的自己？"（What）

"要怎样做？"（How to）

实际上，你人生中的每一天，都在扮演着你描画出的理想中的自己，都在按照理想中的场景生活。

你有没有以为"我赚不了钱"？

你有没有因为"那样的生活，我可过不上"而放弃？

你的赚钱能力、生活方式，都是你自己决定的。

提升自身价值的建议

31

☑ 成为自己人生电影的导演，

描画理想人生的场景

32. 不是工作了多久，而是完成了多少

有一位朋友是写手，做着派遣的工作，前些天，说了这样的话：

"我一天能干十页的活儿，但年轻的写手们一天只做四五页。要是早点结束工作，新的活儿又不断地接着来，真觉得划不来啊。我就算想要努力，也会被别人以为是故意要做好人，受人白眼，觉得努力反而是件傻事了。"

这话有一点吐槽的意思：不管怎么工作，给的时薪都一样，所以觉得努力真是划不来，还是轻松一点好啊。

以时薪为基准的工作，容易让人忽略每小时产出的结果，而且工作平顺得有些无聊。

如果完成了十页的工作，可以想着接下来挑战十五页

吧，或提高工作的独创性，如果工作水平能提高，对后面持续的工作可能会有帮助。

但是，如果像朋友这样去想别人乱七八糟的事，放慢了工作的节奏，那么又会给自己带来什么呢？

工作中，你真正应该在意的，是给自己付钱的客户。

给客人泡茶的时候，与其想"啊，这种无聊的工作，真不想干啊""谁来泡茶都一样"，不如想"既然都做了，就试着泡最好喝的茶吧"，这样更快乐。

"原来如此，泡茶的水要八十五度正好呀。"

"既然有一个小时的时间，不如下次冲咖啡吧。"

这样仔细考虑，工作的质量会更高。

不仅能学习泡茶的方法，还能满足客人的需求，而且还有可能开一家自己的咖啡店呢。

有赚钱能力的人，不管做什么工作都不会想工作了几个小时，而是考虑完成了什么工作。

自己用心付出赚到钱，相比轻轻松松地赚到钱，更会考虑工作的影响，也会珍惜赚来的钱。我认为，比起工资，做能影响人的工作、能让人成长的工作更有价值。

如果一心把做好工作作为目标，钱自然也会来的。

当然，有时候即使工作很用心，赚钱的进展也不会那么顺遂。

"为什么不顺利？""没有好工作吗？"——也会有这样悲观的时候。但也正是这样的时期，能让人养成职业人的工作能力。

不选简单轻松的工作，而是投入到麻烦的工作中，才能在自己身上继续积累能力。

像这样日复一日地积累力量，总有一天会厚积薄发的。

人的能力，是从积极的姿态中产生的，这将成为赚钱的能力。

重要的不是工作了多久和时薪多少，而是以好好完成了工作这种满足感为基准来工作。

积极的心态会成为习惯，消极的心态也会成为习惯。

实际上，习惯才是最重要的。

过去的人常说"天道酬勤"。就算做着谁也不知道的普通工作，就算很难取得成绩，只要抱着积极地去做、为了他人而做的心态，也一定会有回报的。

自己改变了，周围的环境也会改变。然后，赚钱的能力也会发生不可思议的改变。

提升自身价值的建议

32

☑ **全心全意地去做，**

是在储备赚钱的能力

33. "因为是女性，所以做不了"
——由自己来终结这样的时代

"女性如果不比男性更努力，就得不到晋升。"

"因为是女性，所以不被信赖，很难成为正式社员。"

"女性因为有家务和育儿等负担，所以比不了男性。"

关于女性在职场的劣势这些言论，已经听过不少了，我自己也深有体会。

但是，我在即将进入工作人生的后半段这个时候，从心底感谢女性的身份：因为是女性，所以才能做到很多事。

我做过不止一份工作，体验了各种各样的工作、行业和角色，一直在探索不论什么情况下都能做好工作的方法。

因为我体验过从打杂到管理等诸多工作角色、畸形的

191

特殊人际关系、企业和行业的麻烦事等等，获得了很多经验，所以就算遇到稍微有点麻烦的人生问题，也觉得小菜一碟，能很快地把问题解决掉。

辞职之后，领取失业保险的时期，我也在思考自己能做些什么，这段时间也成为我学习新知识的机会。

什么工作也不做的时候，尽做些单调无聊的工作的时候，也都有重大的意义。

正因为选择了与他人不同的道路，才能发表与他人不同的意见、收集别人不知道的信息。

像我这样做了许多的结果，就是具备了在各个具体场景需要的知识和能力，从而提升了自己的综合能力。

只要合作方提出需求，我就有能力去满足。

现在这个时代，社会和企业的需求也好，职场的环境和规则也好，甚至连哲学和价值观都在瞬息万变。"我只能做这份工作""我只能这样生活"，抱着这样的想法的话，是无法生存下去的。

不仅仅是工作，婚姻和生活方式也是一样的道理。当觉得不对的时候，如果没有转换方向的灵活性，就只能将就忍耐了。

特别是女性的工作时间变得越来越长了，是几十年前的数倍。我们需要拥有更深更广的"多样性"，以温柔而有力量的姿态，挑战人生。

在这种"多样性"上，男性可能反而有劣势。

实际上，我认为恰恰是男性，更要考虑退休后的生活。

男性习惯了以百分之百的力量去面对眼前的课题，心弦从未放松。

因此，退休后，他们不仅会变成什么都不会做的人，大部分人连让自己开心快乐的事都找不到。

要是变成这样，所谓"男人的尊严"又在何处呢？

身边的男性如果想要拥有闪闪发光的人生，可以在工作之外找到自己感兴趣的东西，从而获得自尊和尊敬。

总而言之，不管是职业女性还是家庭主妇，如果抱着"我只能做……"的固守心态，不仅会限制自己工作的范围，还会限制自己交往的人群，减少人生的乐趣，视野也会变得狭隘。

如果想要有多样性，先试着了解自己感兴趣的东西吧。

与背景迥异的人相处，会觉得新事物有趣而充满挑战，尝试从没接触过的东西，会产生新的兴趣与发现。

不要以做了这个能有什么用的得失心去考虑，要抱着想知道、想做、想确认的积极心态，这样人才能成长。

好奇心促进多样化，提高赚钱能力，丰富我们的人生。

最初要找到自己的风格也很难，可能要度过多年没有回报的时期。与只做一份工作的人相比，尝试各种各样工作的人，虽然花的时间更久，但是会出成果。

拥有多样性，能渐渐地展现出自己的风采，让自己成为独一无二的存在。

交叉领域的知识，可以让本职工作更有深度和特点。

渐渐绽放出艳丽饱满的花，比起开得早但迅速枯萎的花，难道不是更美吗？

提升自身价值的建议

33

☑ 找到感兴趣的事，

　拥有"多样性"

34. 就算得不到报酬，也要选择自己想做的工作

　　如果想要真正地实现财务自由，就不要为了获得巨额金钱工作，而是要将自己想做的事、着迷的事、喜欢的事作为工作。

　　因为你会最大限度地投入精力，最终一定会收获财富的。

　　就算抱着想成为有钱人的心态而从事不喜欢的工作，如果没有热情，也不会有特别好的结果的。

　　真正富裕的人们，对于自己的工作都有乐在其中，而且还能赚到钱的感觉。

他们觉得做这份工作非常幸福，就算不给钱也想做。

所以，就算长时间地做，也不会厌烦，遇到困难的事情，也可以克服。

虽然有人认为工作无关好坏，都是要做的，但如果是想要做的工作，心态会更积极，还能获得乐趣，更适合自己。

但现实中，想要将喜欢的事当作工作，必须有很长时间的准备期。

喜欢的事，可能赚不到钱。

为了生活，有时候可能需要做不喜欢做的工作。

那么，六十岁以后，或者说十年后，会拥有做喜欢的事的能力吗？自己会怎么样呢？

从现在开始积蓄力量，努力学习别人需要的技能，到十年后，每月赚十万日元也不是不可能吧。

许多人说，如果有足够的钱就不工作了，但是如果没有工作，人生还有什么乐趣呢？

我有一位六十多岁的朋友，经济来源全靠丈夫在公司上班赚钱，一辈子没工作过，也能有不错的积蓄。她平时没什么事，就打打高尔夫、看看戏剧、去温泉地旅行，生活得很舒适。

但是，不管怎么游玩，最后多少总会有点儿空虚。

"每天玩的生活虽然很幸福，但是幸福一次后就结束了。然后，又开始寻求新的幸福，如此反复……我有时候会想，自己的人生，到底算什么啊。"

虽然这对于没钱的人来说，是奢侈的烦恼，但她本人却在认真地思考。

于是，她在家里开设了一所业余学校，自己请老师授课，开设料理、瑜伽、花木园艺等等课程。学生基本上都和她一样，是六十多岁的女性。有时候也会开设面向她们丈夫的男性料理课程。

"每天都很快乐！看着大家的笑脸，就觉得很幸福。因为能为别人做点什么，是最棒的幸福呀。"

她自己也像变了个人，非常开朗，言谈间充满了自信。

"现在虽然赚不了多少钱，但以后的计划还是想招更多的学生。接下来，我还想租新的场地呢。"

她确定了目标，每天都忙得有劲。

人生最大的快乐，是对他人有用。

满足他人，能让我们的灵魂感到喜悦。比起为了自己，反而是服务他人的时候，人才更有能量。

如果选择令人兴奋的事，人生会变得充实，也能够与金钱建立起良好关系。

提升自身价值的建议

34

☑ 获得人生真正的乐趣，

可以构筑与金钱的良好关系

结 语

与金钱的交往，就是与情绪的交往——让我们煎熬的，从来不是钱的问题。

最近，有一部小说很热门。

内容大概说的是一个银行兼职职员，因为跟学生恋爱，贪污了数亿日元，而这些钱都是老年人的存款。主人公虽然曾是个正义感强烈的女性，但是却小看了人对金钱和罪恶的欲望，两百万日元、三百万日元……她越来越无法抵抗花钱的快感。（角田光代《纸之月》）

虽然是小说故事，但是这种为了获得快乐而头脑发热的感觉，很多人都有共鸣吧。

很多人都有这样的经历：不管价格多贵都要买，甚至不惜牺牲其他东西……虽然不至于走到犯罪的地步，但为了购买与身份不相称的东西而借贷的人也非常多，冷静下来后，也会后悔"我当时为什么要买那种东西呢"，但下次依然会有冲动的时候！这类事情是不是也偶尔或者经常出现在你的生活中？

还有，在选择配偶和恋人上，把经济作为最重要条件的女性也有不少。她们说："只要体验过一次与有钱男人交往的快乐，就再也无法与没钱的人交往了。因为自己会很惨。"

"经济富裕＝男性的价值＝自己的价值"，这种计算法则是极其错误的。一旦从对方身上得不到预期的价值，就会陷入巨大的沮丧中。

不要用金钱来填补未满足的情绪。

花钱的女性和让人花钱的女性，内心需求从根本上都是相同的——因为有未满足的情绪，所以想要用金钱来填满。

虽说如果有钱就好了，让人觉得钱能解决一切，但金钱不是能治所有病症的万能药，它不过是手段之一罢了。

另外，当产生金钱上的纠纷时，又会有人产生"要是没有钱就好了、金钱是万恶之源"的想法，但实际上金钱本身并没有任何过错。

金钱不过是一种物品，一百日元有一百日元的价值，一万日元有一万日元的价值。赋予金钱意义，为钱喜、为钱忧的，正是我们自己。

也就是说，让我们痛苦的，不是金钱，而是我们自己产生的对金钱的情绪。

情绪就像拉马车的马，理性就像握着牵马绳的车夫一样，如果将这匹马虎、惊惧、不淡定的情绪之马放置不管的话，就会误导我们的决断方向。

不能忍住冲动，就会沦为欲望的傀儡。

未满足的情绪，总想用什么去填满它。

人通常因为过分恐惧，而裹足不前，不能突破自己的舒适圈。

这些行为会进一步产生不安、后悔等负面情绪，将我们引入恶性循环之中。我们会因为负面情绪的影响，而错误地花钱。

所以，我们需要用理性车夫来驾驭情绪之马，告诉它"没关系，不用这么担心""这不是必需的""还有其他的选择"。

重要的是，将情绪和理性（解决问题）明确地区分开。

当急需决断时，要让理性握有主导权。

做决定前先停一停，发现情绪，整理出不必要的情绪、臆想的情绪、需要珍视的情绪，再做出关于金钱的决断。

为了不浪费我们得到的珍贵金钱，需要学习和掌握关于金钱的知识。

这并不难。我们在日常生活中，通过与金钱的相处，其实在不知不觉间就做着管理金钱的练习。从今往后也要与金钱愉快地相处！记住这一点，可以进一步学到知识和智慧。

<u>在金钱上学会理性，获得心灵丰富的人生。</u>

实事求是地讲，当今社会，我们的生活在经济上变得非常充裕。但是，这样就是幸福了吗？——歪着头思考的人有很多。

因为生活富裕而出现了新的问题，这也是事实。用违反法律的方式去获得金钱的事不曾禁绝。有些人不明白如何正确地与金钱相处，被不安、后悔、恐惧等情绪控制，被金钱控制了心智。

通过学习、掌握关于金钱的智慧，与金钱和情绪好好相处，就能获得充裕丰富的人生。只要正确地与金钱相处，金钱就能成为帮助我们的坚强伙伴。

因为在我们的一生中，金钱是陪伴我们非常长久的朋友……

有川真由美